基于SDN的智能变电站网络优化技术

姚建国 窦仁晖 黄在朝 刘川 贾惠彬 编著

科学出版社
北京

内容简介

本书紧跟变电站智能化发展趋势，结合网络领域炙手可热的新技术，简述智能变电站的基础知识与 SDN 的基本概念，并基于 SDN 的智能变电站网络架构、网络设备、业务承载、管理优化四个角度分析了 SDN 在智能变电站中的应用模式，阐述 SDN 技术在智能变电站通信网络的实现机制，强调基于 SDN 的变电站二次系统能力优化。

本书可作为电力系统一线科研人员的培训教材与参考书籍，也可作为高校电力自动化等相关专业研究生选修课的教材与参考资料。

图书在版编目(CIP)数据

基于 SDN 的智能变电站网络优化技术 / 姚建国等编著. —北京：科学出版社，2018.12
ISBN 978-7-03-059987-2

Ⅰ. ①基⋯ Ⅱ. ①姚⋯ Ⅲ. ①智能系统-变电所-网络化-最佳化-研究 Ⅳ. ①TM63

中国版本图书馆 CIP 数据核字(2018)第 274605 号

责任编辑：潘斯斯　于海云　高慧远 / 责任校对：郭瑞芝
责任印制：张　伟 / 封面设计：迷底书装

科学出版社 出版
北京东黄城根北街 16 号
邮政编码：100717
http://www.sciencep.com

北京盛通商印快线网络科技有限公司 印刷
科学出版社发行　各地新华书店经销

*

2018 年 12 月第　一　版　开本：787×1092　1/16
2019 年 11 月第二次印刷　印张：11 1/2
字数：310 000

定价：88.00 元
(如有印装质量问题，我社负责调换)

编 委 会

主　编：
　　姚建国　中国电力科学研究院有限公司
　　窦仁晖　中国电力科学研究院有限公司
　　黄在朝　全球能源互联网研究院有限公司
　　刘　川　全球能源互联网研究院有限公司
　　贾惠彬　华北电力大学

编　委：
　　张　刚　全球能源互联网研究院有限公司
　　刘世栋　全球能源互联网研究院有限公司
　　陶　静　全球能源互联网研究院有限公司
　　徐　鑫　国网重庆市电力公司
　　徐瑞林　国网重庆市电力公司
　　郝　洋　国网河南省电力公司
　　吴晨光　国网河南省电力公司
　　邵　奇　国网河南省电力公司
　　黄红兵　国网浙江省电力有限公司
　　刘俊毅　国网浙江省电力有限公司
　　杨　青　中国电力科学研究院有限公司
　　任　辉　中国电力科学研究院有限公司
　　杨　彬　中国电力科学研究院有限公司
　　樊　陈　中国电力科学研究院有限公司
　　徐　歆　中国电力科学研究院有限公司
　　陈　磊　全球能源互联网研究院有限公司
　　卜宪德　全球能源互联网研究院有限公司
　　喻　强　全球能源互联网研究院有限公司
　　刘　桐　中国信息通信研究院
　　苑斌斌　中国信息通信研究院

前　言

智能变电站较常规变电站在技术实现方面发生了革命性变化，IEC 61850 标准所提供的互操作性为保护控制系统架构、通信网络结构、设备功能集成设计提供了极大的灵活性。智能变电站工程中全面探索或应用了分布、分散、集中式以及层次化保护控制系统架构，"三层两网""三层一网""网采网跳""直采直跳"通信网络架构和传输方式，间隔内装置纵向集成、横向集成等设备功能的集成模式，在实现二次功能优化及智能化、经济性目标等方面取得了显著效果。

随着国家电网有限公司建设"两个一流"和建设"全球能源互联网"战略蓝图的展开，智能变电站技术面临着巨大的挑战和机遇。立足于互操作与互联互通这一长期技术发展趋势，通过"安全可靠、控制灵活、运维简便、经济环保"多目标寻优，不断驱动智能变电站二次系统进步与革新、支撑电网业务的快速发展，已成为智能变电站研究与建设的重中之重。

通信网络是装置间互联互通、实现互操作的物理媒介。在智能变电站中，由于过程层网络传输并交互采样数据与控制数据，其重要性已等同或高于保护控制装置本身。数据的网络化传输节约了大量二次电缆，但错综复杂的网络连线大幅增加了变电站二次系统运维的难度。同时，为了适应复杂的网络拓扑，装置的通信接口配置数量难以压缩，制约了经济性和可靠性指标的提升。另一方面，随着过程层数据在站域、广域应用需求的不断提升，在现有通信网络上扩大数据传输与共享范围，势必加剧网络结构复杂程度，增加设备投资。因此，有必要引入新的网络技术，实现通信网络可靠性与灵活性的协调统一，支撑设备间可靠、优质的互联互通与互操作。

软件定义网络（Software Defined Network，SDN）技术在电信行业已经被普遍认为是未来网络的重要发展方向之一，我们相信，将其合理地运用在智能变电站中，可以为智能变电站二次系统优化带来巨大的提升。

本书由中国电力科学研究院有限公司、全球能源互联网研究院有限公司、华北电力大学团队共同完成，同时，感谢国网重庆市电力公司、国网河南省电力公司、国网浙江省电力有限公司、中国信息通信研究院为本书成书做出的重要贡献。

本书由国家电网有限公司重大科技项目"智能变电站二次系统优化关键技术研究"资助。

由于网络技术迭代更新速度快，成书时间仓促，书中难免有疏漏之处，敬请读者批评指正。

编　者
2018 年 10 月

目 录

第 1 章 绪论 ... 1
1.1 智能变电站的概念 ... 1
1.1.1 术语和定义 ... 1
1.1.2 智能变电站的关键特征 ... 2
1.1.3 智能变电站的建设 ... 2
1.2 智能变电站的发展历程 ... 3
1.2.1 远动系统 ... 3
1.2.2 综合自动化系统 ... 4
1.2.3 数字化变电站 ... 5
1.2.4 智能变电站 ... 6
1.3 智能变电站对 SDN 的需求 ... 6
1.3.1 现有变电站的不足 ... 6
1.3.2 SDN 在智能变电站应用的可行性分析 ... 8
1.4 SDN 的概念 ... 8
1.4.1 SDN 的技术特点 ... 8
1.4.2 SDN 标准化历程 ... 17
1.5 SDN 的应用与发展历程 ... 24
1.5.1 技术发展概况 ... 24
1.5.2 代表性应用 ... 25
1.5.3 代表性产业布局 ... 26
1.6 本章小结 ... 27

第 2 章 智能变电站基础知识 ... 28
2.1 变电站自动化的基本功能 ... 28
2.1.1 数据采集和处理 ... 28
2.1.2 操作控制 ... 29
2.1.3 事故报警 ... 29
2.1.4 事件顺序记录 ... 30
2.1.5 画面显示 ... 30
2.1.6 保护管理 ... 31
2.1.7 远方通信 ... 31
2.1.8 工程组态 ... 31

2.2 IEC 61850 标准及应用 ... 31
2.2.1 IEC 61850 标准 ... 31
2.2.2 IEC 61850 协议栈 ... 33
2.2.3 一致性测试 ... 34
2.3 智能变电站通信网络架构 ... 35
2.3.1 智能变电站系统分层 ... 35
2.3.2 "三层两网"式网络架构 ... 38
2.3.3 "三层一网"式网络架构 ... 40
2.3.4 网络通信协议栈 ... 42
2.4 智能变电站的特定要求 ... 46
2.4.1 网络通信延迟要求 ... 46
2.4.2 网络通信流量控制 ... 48
2.4.3 网络可靠性要求 ... 49
2.5 本章小结 ... 50

第 3 章 基于 SDN 的智能变电站通信网络架构 ... 51
3.1 SDN 的体系结构 ... 51
3.2 SDN 的功能分层结构 ... 56
3.2.1 分层原则及接口 ... 56
3.2.2 南向接口 ... 58
3.2.3 北向接口 ... 59
3.2.4 东西向接口 ... 62
3.3 基于 SDN 的"三层两网"式网络架构 ... 63
3.3.1 面向站控层网络的 SDN "强控制"架构 ... 63
3.3.2 面向过程层网络的 SDN "弱控制"架构 ... 65
3.4 基于 SDN 的"三层一网"式网络架构 ... 66
3.4.1 "接入+汇聚"二级通信网络架构 ... 66
3.4.2 "接入+汇聚"二级通信网络架构优势分析 ... 67
3.5 本章小结 ... 68

第 4 章 基于 SDN 的智能变电站通信网络设备 ... 69
4.1 智能变电站典型设备 ... 69
4.1.1 站控层设备 ... 69
4.1.2 间隔层设备 ... 70
4.1.3 过程层设备 ... 73
4.2 OpenFlow 交换机 ... 74
4.2.1 OpenFlow 交换机的工作原理 ... 74
4.2.2 OpenFlow 交换机与传统以太网交换机的差异 ... 77
4.3 SDN 控制器 ... 78

4.3.1　SDN 控制器的基本功能 ……………………………………… 78
　　　4.3.2　SDN 控制器的功能组件 ……………………………………… 81
　　　4.3.3　SDN 控制器的种类 …………………………………………… 82
　　　4.3.4　不同 SDN 控制器的比较 ……………………………………… 87
　4.4　本章小结 ……………………………………………………………… 88
第 5 章　**基于 SDN 的智能变电站通信网络业务承载** …………………… 89
　5.1　智能变电站通信网络典型业务 ……………………………………… 89
　　　5.1.1　网络跳闸业务 …………………………………………………… 89
　　　5.1.2　网络采样业务 ………………………………………………… 103
　5.2　基于 SDN 的智能变电站通信网络业务传输机制 ………………… 121
　　　5.2.1　GOOSE、SV 报文的处理 …………………………………… 121
　　　5.2.2　连接建立 ……………………………………………………… 125
　　　5.2.3　OpenFlow 协议报文 ………………………………………… 127
　5.3　本章小结 …………………………………………………………… 135
第 6 章　**基于 SDN 的智能变电站通信网络管理优化** ………………… 136
　6.1　基于 SDN 的智能变电站通信网络拓扑管理 ……………………… 136
　　　6.1.1　SDN 交换机的配置与管理实现技术 ……………………… 136
　　　6.1.2　基于 SDN 的智能变电站网络管理应用 …………………… 157
　　　6.1.3　基于 SDN 的智能变电站网络拓扑管理仿真实现 ………… 160
　6.2　基于 SDN 的智能变电站通信网络流量管理 ……………………… 162
　　　6.2.1　智能变电站过程层网络风险点分析 ………………………… 162
　　　6.2.2　基于 SDN 的智能变电站通信网络流量管理系统应用 …… 163
　　　6.2.3　基于 SDN 的智能变电站通信网络流量管理仿真实现 …… 166
　6.3　本章小结 …………………………………………………………… 171
参考文献 ……………………………………………………………………… 172

第1章 绪　　论

1.1　智能变电站的概念

1.1.1　术语和定义

进入21世纪以来，随着信息和通信技术的迅猛发展，传统电力工业也在向信息化、网络化和智能化发展，出现了智能电网、智能变电站、智能高压设备、智能电子设备等一系列概念。

(1)智能电网(Smart Gird)。以物理电网为基础，将现代先进的传感测量技术、通信技术、信息技术、计算机技术和控制技术与物理电网高度集成而形成的新型电网。它以充分满足用户对电力的需求和优化资源配置，确保电力供应的安全性、可靠性和经济性，满足环保约束，保证电能质量，适应电力市场化发展等为目的，实现对用户可靠、经济、清洁、互动的电力供应和增值服务。

(2)智能变电站(Smart Substation)。采用先进、可靠、集成、低碳、环保的智能设备，以全站信息数字化、通信平台网络化、信息共享标准化为基本需求，自动完成信息采集、测量、控制、保护、计量和监测等基本功能，并可根据需要支持电网实时自动控制、智能调节、在线分析决策、协调互动等高级应用功能的变电站。

(3)智能高压设备(Smart Equipment)。具有测量数字化、控制网络化、状态可视化、功能一体化和信息互动化等技术特征的高压设备，由高压设备本体、传感器和智能组件组成。

(4)智能电子设备(Intelligent Electronic Device，IED)。由一个或多个处理器组成，具有从外部源接收和传送数据或控制外部源的任何设备，如电子多功能仪表、微机保护、控制器，在特定的环境下在接口所限定范围内能够执行一个或多个逻辑接点任务的实体。

(5)智能组件(Intelligent Component)。对一次设备进行测量、控制、保护、计量、检测等一个或多个二次设备的集合。

在这些概念中，智能变电站是智能电网在变电领域的主要载体，是电力系统进行电压变换、电能集中与分配、电能流向控制及电压调整的重要节点，在发电、输电、变电、配电、用电和调度六个环节之中，占据着相当重要的地位，既是运行方式的"调节控制中心"，又是电力系统重要的"信息源"和"信息中继站"，起到联系发电厂和用户的纽带作用。智能变电站由智能高压设备、智能电子设备及智能化应用等组成，其中智能高压设备针对的是一次设备，智能电子设备针对的是二次设备，智能化应用则是各类业务和应用的统称。

1.1.2 智能变电站的关键特征

智能变电站的关键特征包括以下几个方面。

(1) 数字化。智能变电站服务于智能电网，不仅要实现电气量采集的数字化，还要实现非电气量采集的数字化，包括节点温度、环境参数、视频图像等，并应当关注辅助系统的数字化，包括直流系统、安全防护系统和火灾报警系统等。

(2) 信息化。变电站是电网基础信息的主要提供者之一。智能变电站的一个重要功能就是向智能电网提供可靠、准确、充分、实时、安全的信息，提供的信息应不仅仅局限于传统的"四遥"电气量信息，还应包括：状态监测信息，如变压器色谱分析结果、冷却散热系统的运行情况等；设备状态信息，如断路器的动作次数、传动机构储能情况、开断电流的情况等；非运行类信息，如气候环境信息、火警系统信息、图像信息等。最终达到信息描述数字化、信息采集集成化、信息传输网络化、信息处理智能化、信息展现可视化和生产决策科学化的目的。在信息安全方面，遵循电力二次系统安全防护有关行业、国家及国际标准，以保证站内与站外的通信安全及站内信息存储和信息访问的安全，实现与上级调度中心通信的认证及加密，实现站内各系统之间的安全分区及安全隔离。

(3) 自动化。变电站自动化是实现电网自动化最直接的窗口。作为智能电网的重要环节，智能变电站应最大限度地实现自动化功能。现阶段主要包括：根据工程配置文件自动生成系统工程数据；二次设备在线/自动校验；变电站状态检修；变电站系统和设备系统模型的自动重构等，以进一步提高变电站自动化水平。

(4) 互动化。在智能电网中，需要智能变电站具备互动协作的能力。可以实现变电站与控制中心之间、变电站与变电站之间、变电站与用户之间、变电站与其他应用需求之间的互联、互通和互动。

(5) 资源整合。智能电网明确提出需要实现电力流、信息流、业务流的有机融合。智能变电站首先要将这三流信息进行补充、完善并标准化，满足智能电网各类客户端的实时性需求。彻底改变横向系统多、纵向层次多的业务孤立格局，形成纵向贯通、横向互通的高效信息支撑平台，从而实现资源的优化配置。

1.1.3 智能变电站的建设

智能变电站的研究和建设可分为三个阶段，2009～2010 年是智能变电站的规划试点阶段，主要工作包括以下几个方面。

(1) 开展智能变电站相关标准研究与制定。制定智能变电站的技术导则，编制智能变电站建设设计规范和改造技术指导原则。制定一次设备智能化技术条件，探索相应技术应用和管理模式的适用性。

(2) 开展智能变电站新建和改造试点工程。在骨干网架适当位置开展智能变电站新建和改造试点工程建设，大力推广先进技术和管理理念，深入探索智能变电站系统设计、设备研制、工程建设、运行维护等方面的关键技术，为后续智能变电站建设提供技术支持。

(3) 开展一次设备智能化研制。开展一次设备智能化调研与可行性论证。提出研制技术方案，完成智能终端、开关、变压器、断路器等设备智能化研发。

(4) 开展智能变电站运维模式研究。初步形成智能变电站风险控制检修体系，优化设备检修模式，探索智能变电站集约化运行模式、关键技术，初步建立智能变电站全寿命周期管理体系，提升变电站资产管理和运营水平。

2011～2015 年是全面建设阶段，逐步推广智能变电站建设和改造。主要工作包括以下几个方面。

(1) 继续深入开展变电站技术改造，形成完善成熟的特高压变电建设标准体系，全面建设特高压变电工程。构造与坚强电网相适应的电网结构，基本解决影响电网安全、可靠、灵活、经济运行的设备问题。

(2) 继续深化变电运行集约化管理，优化检修管理模式，进一步提升电网资产管理效率和经营效益，设备使用寿命接近国际水平。

(3) 推广智能变电设备关键技术，提升智能设备的功能。初步完成关键在运变电站的智能化改造，初步实现信息化、自动化、互动化。跨区域实时信息集成共享以及与电网运行管理的互动，强化智能化设备对电网优化调度和运行管理的信息支撑功能。

2016～2020 年是引领提升阶段。在前一阶段智能化建设的经验积累和技术完善基础上，提升智能化水平，主要工作包括以下几个方面。

(1) 在全面建成以特高压电网为骨干网架、各级电网协调发展的坚强国家电网基础上，全面消除影响电网安全、可靠、灵活、经济运行的设备问题，电网设备适应坚强电网的要求。

(2) 建立面向智能电网和智能化设备的设备运行管理体系，基本实现基于企业绩效管理的设备检修模式，公司管理水平达到国际先进水平。

(3) 枢纽及中心变电站全面建成或更新改造成为智能变电站。完成变电站内相互关联设备集的运行智能化，从而全面实现智能变电站功能。

1.2 智能变电站的发展历程

智能变电站技术的演进是伴随着变电站自动化系统发展起来的。变电站自动化系统（Substation Automation System, SAS），国际电工委员会（IEC）解释为在变电站内提供包括通信基础设施在内的自动化系统，包含传统的自动化监控系统、继电保护、自动装置等设备，是集保护、测量、控制、远传等功能为一体，通过数字通信及网络技术来实现信息共享的一套微机化的二次设备及系统。

自 20 世纪 80 年代以来，变电站自动化技术一直是我国电力行业的热点技术之一，在短短 50 多年时间里，发展出了四个阶段。

1.2.1 远动系统

20 世纪 60 年代中期，随着电子技术的发展，许多国家开始研制基于计算机的数据采集和监控系统，并且基于微处理器的微机型远动装置于 20 世纪 70 年代问世。微机型远动装置的代表就是远动终端（Remote Terminal Unit，RTU），它安装于各发电厂、变电所内，负责采集所在发电厂或变电所表征电力系统运行状态的模拟量或数字量，监视并向调度中心传送这些模拟量或数字量,执行调度中心发往所在发电厂或变电所的控制和调节命令。

将微机技术应用于远动技术后,远动技术发生了重大的变化,原来许多不易实现的功能,采用微机技术后便迎刃而解。与常规远动相比,微机远动功能强、体积小、可靠性高。如在微机远动终端上,可以方便地完成事件顺序记录、主站与远动终端对时以及当地打印制表等功能。在主站可以方便地实现 $1:N$ 的接收以及转发等功能。模/数转换技术的应用,使得模拟变送器最终被取代,变电站自动化进入了直接交流采样的时代,遥测精度和采集可靠性大为提高。

基于 RTU 的自动化系统的特点如下:

(1) 能实时采集变电站中各种电气设备的模拟量、脉冲量、开关状态量,完成对变电站的数据采集、实时监控、制表、打印、事件追忆及 CRT 显示负荷曲线、变电站主接线图功能。

(2) 值班员可通过画面操作变电站内的电气设备,并能检查操作正确与否。

(3) 系统具有自诊断功能和自恢复功能,当设备受到外界瞬间干扰信号而影响正常工作时,系统能发出自恢复命令,使设备立即进入正常工作状态。

(4) 造价低,适合小型变电站的新建或改造。

主要缺点在于:

(1) 集中式结构,功能较集中,如果设备出故障,影响面大。

(2) 软件复杂,修改工作量大,调试和维护不方便。

(3) 组态不灵活,系统集成难度较大。

最关键的问题是,设备抗电磁干扰和高温潮湿的性能有限,使得设备只能安装在能够提供良好环境的主控制室运行。由于需要敷设大量的电缆从开关场接入主控制室,变电站安装成本高、周期长。而且集中式结构造成了中心管理机任务繁重、接线复杂,功能扩展较难,各项性能指标提升困难。

1.2.2 综合自动化系统

随着计算机技术、通信网络技术的迅速发展以及它们在变电站自动化综合系统中的应用,变电站自动化系统的结构及性能都发生了很大的改变,与此同时,集中式系统的可靠性、灵活性不能满足要求,也无法满足大容量、高电压等级变电站的要求,因此出现了分层分布式结构的变电站综合自动化系统。该种结构采用多 CPU 并行处理多发事件,解决了集中式结构中一个 CPU 计算处理的瓶颈问题,方便系统的扩展和维护。

变电站综合自动化是将变电站的二次设备(包括继电保护、测量仪表、信号系统、自动装置及远动装置等)经过功能的组合和优化设计,利用先进的计算机技术、现代电子技术、通信技术和信号处理技术,实现对全变电站的主要设备和输、配电线路的自动监视、测量、自动控制和微机保护,以及与调度通信等综合性的自动化功能。变电站综合自动化系统,即利用多台微型计算机和大规模集成电路组成的自动化系统,代替常规的测量和监视仪表,代替常规控制屏、中央信号系统和远动屏,用微机保护代替常规的继电保护屏,弥补常规的继电保护装置不能与外界通信的缺陷。因此,变电站综合自动化是自动化技术、计算机技术和通信技术等高科技在变电站领域的综合应用。变电站综合自动化系统可以采集到比较齐全的数据和信息，利用计算机的高速计算能力和逻辑判断能力，可方便地监视和控制变电站内各种设备的运行和操作。

变电站综合自动化系统的主要特征包括以下几个方面。

(1) 功能实现综合化。变电站综合自动化技术是在微机技术、数据通信技术、自动化技术基础上发展起来的。它综合了变电站内除一次设备和交、直流电源以外的全部二次设备。

(2) 系统构成模块化。保护、控制、测量装置的数字化(采用微机实现，并具有数字化通信能力)利于把各功能模块通过通信网络连接起来，便于接口功能模块的扩充及信息的共享。另外，模块化的构成，方便变电站实现综合自动化系统模块的组态，以适应工程的集中式、分部分散式和分布式结构集中式组屏等方式。

(3) 结构分布、分层、分散化。综合自动化系统是一个分布式系统，其中微机保护、数据采集和控制以及其他智能设备等子系统都是按分布式结构设计的，每个子系统可能有多个 CPU 分别完成不同的功能，由庞大的 CPU 群构成了一个完整的、高度协调的有机综合系统。

(4) 操作监视屏幕化。变电站实现综合自动化后，无论有人值班还是无人值班，操作人员不是在变电站内，就是在主控站内，或是在主控站或调度室内，面对彩色屏幕显示器，对变电站的设备和输电线路进行全方位的监视和操作。

(5) 通信局域网络化、光缆化。计算机局域网络技术和光纤通信技术在综合自动化系统中得到普遍应用。

(6) 运行管理智能化。智能化不仅表现在常规自动化功能上，还表现在能够在线自诊断，并将诊断结果送往远方主控端。

(7) 测量显示数字化。采用微机监控系统，常规指针式仪表被 CRT 显示器代替。人工抄写记录由打印机代替。

变电站综合自动化系统具有突出的技术和经济优势：一方面是中低压变电站采用自动化系统后，可以更好地实施无人值班，达到减人增效的目的；另一方面是对高压变电站(220kV 及以上)来说，一定程度上解决了各专业在技术上分散、自成系统、重复投资的问题。因此，变电站综合自动化系统迅速得到推广。

1.2.3 数字化变电站

数字化变电站是由智能化一次设备(电子式互感器、智能化开关等)和网络化二次设备分层(过程层、间隔层、站控层)构建，建立在 IEC 61850 标准和通信规范基础上，能够实现变电站内智能电气设备间信息共享和互操作的现代化变电站。

从变电站自动化发展进程看，数字化变电站是介于传统变电站和智能变电站之间的一种过渡型变电站方式，其主要特征如下。

(1) 智能化的一次设备。一次设备被检测的信号和被控制的操作驱动回路经过重新设计，采样微处理器和光电技术设计。使原来要通过二次采样电缆输入的电压电流信号，通过电子式互感器取代传统互感器的方式，开关位置、闭锁信号和保护、测控的跳合闸命令等原来用二次电缆传输的信号量，都通过集成智能化一次设备实现。简化了常规机电式继电器及控制回路的结构，数字程控器及数字公共信号网络取代传统的导线连接。换言之，变电站二次回路中常规的继电器及其逻辑回路被可编程器件代替，常规的强电模拟信号和控制电缆被光电式数字量和光纤网络代替。

(2) 网络化的二次设备。变电站内常规的二次设备，如继电保护装置、防误闭锁装置、测量控制装置、远动装置、故障录波装置、电压无功控制、同期操作装置以及正在发展中的在线状态检测装置等全部基于标准化、模块化的微处理机设计制造，设备之间的连接全部采用高速的网络通信，二次设备不再出现常规功能装置重复的 I/O 现场接口，通过网络真正实现数据共享、资源共享，常规的功能装置在这里变成了逻辑的功能模块。

(3) 自动化的运行管理系统。变电站运行管理自动化系统应包括电力生产运行数据、状态记录统计无纸化；数据信息分层、分流交换自动化；变电站运行发生故障时能及时提供故障分析报告，指出故障原因，提出故障处理意见；系统能自动发出变电站设备检修报告，即常规的变电站设备"定期检修"改变为"状态检修"。

数字化变电站与传统变电站相比，无论在各自的构成原件上还是在系统结构上都有很多差异，对电气设备行业影响巨大，并直接促进了一次设备和二次设备的相互合作与渗透。数字化变电站的主要优势体现在以下几个方面。

(1) 性能高。通信网络统一采用 IEC 61850 规范，使通信速度有所加快。数字信号采用光缆进行传输，传输过程中没有信号的衰减和失真。电子互感器无磁饱和，精度高。

(2) 安全性高。电子互感器在很大程度上减少了运行维护的工作量，同时消除了电流互感器二次开路、电压互感器二次短路可能危及人身安全的问题，很大程度上提高了安全性。

(3) 可靠性高。设备自检功能强，提高了运行的可靠性以及减轻了运行人员的工作量。

(4) 经济性高。实现信息共享，兼容性高，变电站成本减少。减少检修成本，技术含量高，具有环保、节能、节约社会资源的多重功效。

1.2.4 智能变电站

智能变电站由数字化变电站演变而来，从技术发展的周期而言，二者并无本质差别，更多是为了适应智能电网的要求——数字化变电站更注重于变电站自身的技术革新，智能变电站则进一步强调变电站在智能电网中的支撑作用。2009 年 5 月，国家电网有限公司首次明确提出"建设具有信息化、自动化、互动化的坚强智能电网"，分三个阶段推进坚强智能电网的建设，到 2020 年全面建成统一的坚强智能电网。在建设智能电网大环境的推动下，变电站也必须从更注重变电站自身技术进步的数字化变电站向能更好支撑智能电网运行的智能变电站转变。

1.3 智能变电站对 SDN 的需求

1.3.1 现有变电站的不足

随着智能变电站建设的不断深入，智能变电站对其通信网络提出了更高和更新的要求。目前，智能变电站通信网络基本都使用工业以太网交换机组建，而制约数字化变电站发展的主要因素是传输网络。网络配置烦琐，站内设备间级连较多，设备之间链路复杂，当智能变电站通信网络中数据业务繁忙时，无法对网络通信状况进行实时监控，对系统造成的延时也无法评估。具体地讲，现有变电站通信网络存在的问题主要包括以下几个方面。

(1) 通信协议标准不一，各厂商设备难以互联互通问题。目前，在各大公司推出的变电站综合自动化系统中，采用的通信协议多种多样，在有些系统中，还存在多种协议并存的现象。由于设备的通信接口是固定的，具有 Lonworks 通信接口的设备只能和具有同类通信接口的设备进行通信，而不能和诸如 CAN 总线等其他现场总线的设备进行通信，这就造成了在一个系统中只能选择一个厂家的设备，而不能在多家厂商的设备中选择，从而影响了用户对系统集成灵活性的要求。另外，各电力网之间的网络高层协议的不同也使得电网联控联调的难度加大，各厂商设备较难互联互通。

(2) 变电站信息网络化实时业务传输的实时性问题。以太网交换机的带冲突检测的载波监听多址接入(CSMA/CD)机制使得系统在重负载或过载情况下高优先级业务的服务质量(QoS)难以得到可靠保证，尤其是数据报文的传输时延和抖动；电力系统中的 EMS 和 SCADA 系统之间传送的数据，包括实时数据和电力系统网络分析等应用软件所需的准实时数据。这类数据要求具有很高的 QoS 等级。同时电力调度电话和视频业务也要求较高的 QoS 等级。对于电力系统继电保护、稳定控制信号以及 AGC、AVC 等重要信号更要求实时、快速、可靠，必须保证最高等级的 QoS。此外，对于移植后的智能变电站通信系统，只采用标准局域网下的通用性能参数，如丢帧率、链路使用率、整体延时等参数进行分析，而并没有针对智能变电站通信系统中更为关注的指标(如，不同 PICOM 报文的端到端延时，通信回复时间，冗余通信方式，以及 worst-case 情况下的延时、丢帧率、链路利用率等)进行分析和研究，因而无法根据不同情况提出相应的解决方案。

(3) 变电站信息网络化实时业务传输的可靠性问题。一种是业务之间的相互影响。各类业务的报文在系统中采用混合传输方式，业务流之间存在资源竞争；当设备故障导致某个流向或端口的数据量激增时，网络的稳定性和可靠性将会受到严重影响。尤其是继电保护、安全稳定控制、频率及电压调节等信息的传送必须高度可靠、准确，否则可能导致电力系统事故扩大，甚至崩溃。此外，没有结合 IEC 61850 标准所定义的不同情况，对智能变电站通信网络性能进行分析和研究，使其不具备更为优异的应对各种极端及故障情况的自愈能力，进而无法提高智能变电站的通信网络可靠性。

(4) 变电站信息网络化实时业务传输的安全性问题。电力系统传输的数据还包括电量计费、电力市场报价等涉及金融的数据，这类数据的 QoS 等级较电力调度所需的实时数据要低，但是要求数据传输必须具备较高的安全性。

(5) 变电站信息网络化实时多业务传输的灵活性问题。电力系统中关于生产和管理所需的批次信息和其他数据也将在通信网传输，这类业务包括 MIS 上所传输的报表、文件等数据业务，其传输的频度以及应用类型都较为随机，要求传输网络具有较高的灵活性和扩展性。这类业务将会成为整个电力数据业务的主体，而对 QoS 的等级要求较低。

(6) 变电站网络管理问题。其一是网络管理功能偏弱，突出体现在对网络管理数据的分析处理能力不足和无法区分不同的流和应用等问题上；其二是网络管理系统对网络的灵活配置能力和集中管理能力不足，网络管理效率和网络灵活性较低。

结合以上几点不足，考虑到电力信息业务的特点和要求，将传统的电力通信网转变为实时、可靠、高速，并集成语音、数据、图像等各类业务为一体的综合网络，实现从传统观念中电力通信网为生产调度、政务指挥提供单纯的语音业务，向为整个电力生产及经营的全过程提供以语音、数据、多媒体业务为主体的转变，尤其是对现有变电站网络管理进行改进和优化，是变电站电力通信网发展的主要目标。

1.3.2 SDN 在智能变电站应用的可行性分析

当前环境下，智能变电站通信网络较为复杂，网络延迟相对较大，网络的控制功能过于依赖设备。而 SDN 技术将网络中的控制功能与转发功能解耦合，网络中的交换机不再进行网络控制，而是交由 SDN 控制器根据全局网络视图集中管理并控制网络，从而可以简化网络交换机结构。SDN 网络交换机只是负责数据转发，由控制器根据报文类型向交换机下发流表，交换机根据流表进行数据报文的转发，从而实现数据报文的高速转发，提高报文传输的实时性，OpenFlow 交换机中可以定义流表的优先级，数据报文可以根据流表的优先级进行匹配，优先级高的报文优先匹配，并实现快速转发，SDN 网络的该性质满足智能变电站通信网络对数据实时性的要求。智能变电站通信网络中传输的 GOOSE、SV 报文都为多播报文，基于 OpenFlow 的 SDN 定义了组表的概念，实现当多个流中执行相同动作时的高效数据转发，从而满足网络传输的多播或广播形式，满足智能变电站网络中对多播报文的传输需求。利用 SDN 技术能够轻松实现对智能变电站网络的扩展，使网络部署新应用、添加新协议更加方便、简捷。简而言之，SDN 在智能变电站通信网络中实施具有可行性。

1.4 SDN 的概念

1.4.1 SDN 的技术特点

SDN 的基本思想是把当前 IP 网络互联节点中决定报文如何转发的复杂控制逻辑从交换机/路由器中分离出来，即把网络设备的控制平面与网络设备本身相分离，以开放软件模式的控制平面取代传统嵌入式封闭的控制平面，形成一种可以通过软件编程定义的网络。以下按技术发展的先后顺序，对不同的可编程网络技术及方案进行描述。

1. 可编程的网络控制

1) 开放信令技术

可编程网络技术，最早可追溯到 1995 年的开放信令(Open Signalling)。当时，国际上有为数不少的研究团体，都希望将异步转移模式(Asynchronous Transfer Mode, ATM)网络、互联网和移动网络变得更加开放、易扩展和可重配。相关团体的研究结论是，将网络通信的硬件条件与软件控制相互分离，是必须完成的技术路线，但实现上存在一些挑战性。不能分离的网络技术，易造成网络交换与路由设备成为一个封闭的网络单元，阻碍了网络新业务和新环境的部署。开放信令的核心思路是，通过开放的、可编程的网络接口，向应用提供通信硬件的可访问性，以便在分布的可编程环境中快速部署新业务。

受开放信令的影响，互联网技术的主管方 IETF，组织并制定了通用交换机管理协议（Generic Switch Management Protocol，GSMP），并于 2002 年发布了第三版本规范。GSMP 的控制单元(或控制器)可以完成的主要功能包括：

(1) 跨越交换机，完成端到端连接的建立和拆除。
(2) 管理组播业务的叶子节点，具备加入和撤离功能。
(3) 管理交换机的端口。
(4) 获取交换机的配置信息和统计信息等。

GSMP 的这些控制功能，面向通用之目标，不限于某一具体厂家设备的具体实现方式。但是，GSMP 未对技术内涵和实现路线给出明确定义，而且 ATM 的技术方法不能自然延用于具有无连接特性的 IP 技术。

2) 主动网络技术

20 世纪 90 年代中期，一些研究人员提出，通信网络的基础设施应主动为定制化服务提供可编程的能力，并设想了两个技术实现的关键点，引起广泛关注。这种主动网络(Active Network)的实现需要可编程的交换机，向用户提供带内的数据传送和带外的管理通道。而用户所编写的控制程序，通过名为代码舱(Capsule)的形式将一系列用户消息进行切片，再传送到交换机或路由器，最终由这些网络设备拼接并解释执行。

主动网络具有最彻底的网络硬件资源开放特点，曾经吸引了众多研究与开发人员。但出于实际应用中可能存在的安全性等性能问题，主动网络未得到真正的工业化应用与部署。2001 年之后，主动网络逐渐淡出可编程网络的主流研究范围。

3) 转发与控制单元分离

2003 年，IETF 发布了名为 Netlink 的 IP 业务协议和 IP 转发与控制相互分离的技术需求，并于 2004 年综合为转发和控制单元分离(Forwarding and Control Element Seperaration，ForCES)的 RFC 文档。ForCES 的目标是，将网络设备的功能分类为控制件(CE)和转发件(FE)，以解决网络软硬件的封闭性。只要 CE 和 FE 支持 ForCES 协议，它们就可以采取独立发展的技术路线，以促进网络功能的快速更新。

尽管 ForCES 与 SDN 具有相似的目标，CE 和 FE 也采用了分离的逻辑结构，但 CE 和 FE 本身局限于单一网络单元。IETF 之所以要分出 CE，是希望在已有网络硬件条件的基础上引入第三方的控制软件。实际上，ForCES 的第一个 RFC 文档所涉及的 Netlink，就是想把通用的 Linux 操作系统及网络功能注入市场上公开出售的交换机设备中。

4) 4D 网络技术

2004 年，技术人员结合研究项目，提出一种"干净形态"的网络体系结构，该体系结构由 4 个平面组成，包括决策(Decision)、传播(Dissemination)、发现(Discovery)和数据(Data)，称为 4D。该项目首次提到的"干净形态"，是指对网络的控制与管理采用一些新设计原则，着重于将路由的决策逻辑与网元之间相互协作的控制协议相互分离。决策平面掌控网络的全局视图，并由传播平面和发现平面提供决策支持，而数据平面为决策控制的对象。

4D 网络技术直接促成了最早的具有 SDN 结构特点的 NOX 控制器软件，其名隐喻为 OpenFlow 网络的网络操作系统(Operating System for Networks)。

5) 网络自动配置技术

2006 年，IETF 网络配置工作组提出的网络自动配置(NETCONF)，起先被当作一种网络管理协议，以补充简单网络管理协议(Simple Network Management Protocol，SNMP)的不足，通过安全通道对网络设备配置进行远程修改。NETCONF 要求网络设备提供应用编程接口(Application Programming Interface，API)，通过该 API，完成配置数据的发送和查询。

SNMP 采用了标准的结构化管理接口来访问管理信息库(Management Information Base，MIB)的信息数据，并得到众多网络设备支持，但所提供的管理功能主要面向性能和故障监测，很难提供完备的设备配置能力。此外，SNMP 的安全防范也是在实际应用的一个致命性问题。NETCONF 协议明确规范的设备配置的功能性目标，与可编程网络没有直接关联，也不要求数据平面与控制平面的相互分离。但在技术实现上，NETCONF 确确实实地为可编程网络技术的成熟奠定了基础。至 2012 年，IETF 的相关工作组仍然活跃于制定详细的技术规范，共计发布 13 个颇具影响力的标准文档。

6) Ethane 技术

2006 年，Standford 开展的名为 Ethane 的研究项目，被直接延伸到 OpenFlow 技术。Ethane 来自于企业网络化的安全体系结构(Secure Architecture for the Networked Enterprise，SANE)，因侧重于以太网为网络基础，所以得其名。

Ethane 采用集中式控制方式来管理网络的策略和安全性，由控制器来决定是否转发一个进入企业网的分组，而 Ethane 交换机包含流表并通过安全通信与控制器进行交互。从目前的 SDN 体系结构看，Ethane 所实现的基于身份的接入控制，更像是 SDN 控制器(如 NOX、Beacon 等)之上的一种应用。

2. 虚拟化的网络服务

在传统通信业务领域内，虚拟网络是针对虚拟专网业务而设计的一类网络服务，它以底层物理网络为基础，具有相对独立的网络组织结构，如虚拟局域网(Virtual Local Area Network，VLAN)等。虚拟网络的建立和维护，采用集中式控制方法，所归属的控制面与数据面是相互分离的，同时具有软件定义、网络可重配和安全隔离等特征。但早期的虚拟网络技术只能由网络管理方实施，且受限于已有的网络协议，很难快速部署各种网络新技术。为此，研究人员另行设计出各种重叠网络技术，通过专门的网络节点和控制平面协议，以实现网络业务部署的灵活性。相比而言，SDN 集重叠网络灵活性和虚拟网络高效性于一身，在一个物理网络上综合了各种虚拟网络技术手段。

以下描述虚拟网络的技术类型与演进历程。

1) 组播骨干网

组播骨干网(Multicast backbone，MBone)是最早出现的一种基于互联网的虚拟网络，用于解决早期路由器不能支持和部署组播功能的问题。1989 年，IETF 发布了基于 IP 的组播规范，但是当时的互联网路由器普遍不具有组播能力。1992 年，研究人员为了在当时网络环境下开发和测试组播协议及应用，提议建立 MBone，以支持组播分组的路由选择而不干扰其他的网络业务流。

MBone 互联了众多支持组播或广播的子网（如 Ethernet）组成，每个子网的组播路由器（Mrouter）通过虚拟通道相互连接。MBone 通过网状和星型拓扑级联形成复杂的网络结构，由数百个子网组成，可以进行大规模的世界性的多点视频会议。作为互联网上的虚拟网络，MBone 通过隧道来旁路互联网上无组播能力的路由器，如图 1-1 所示。

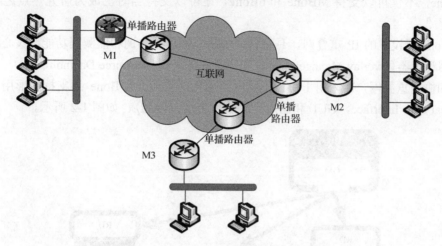

图 1-1　MBone 与互单播互联网的互联示意

图 1-1 中，组播路由器 M1 与 M2、M2 与 M3 之间，通过互联网的单播路由器建立组播隧道，这些隧道把组播数据分组封装在单播分组中，以便通过那些不支持组播路由的网络。MBone 路由器向另一个 MBone 路由器发送消息时，这个消息可能会经过一个或多个不支持组播的路由器。

组播路由器（M1、M2、M3）对组播数据分组重新分拆或打包，形成单播分组。对于不支持组播的路由器来说，这种分组和其他分组没有什么类型上的区别，可以接受这个路由器的路由服务。当这个分组到达目的地时，再支持组播的路由器进行解包，继续进行组播通信。所以，MBone 可以视为叠加在互联网之上的重叠网。

2) IPv6 骨干网

IPv6 骨干网（6Bone，IPv6 backbone）是 IETF 用于对 IPv6 进行测试的网络，目的是为 IPv4 网络向 IPv6 迁移开展规模化实验。1996 年，IETF 发布的 IPv6 测试性网络，即 6Bone，被用作 IPv6 问题的测试平台，包括协议的实现、IPv4 向 IPv6 迁移等。6Bone 是一个虚拟的网络，与 MBone 一样，以隧道的方式通过基于 IPv4 的互联网实现互联。1998 年 6 月，中国教育和科研计算机网（China Education and Research Network，CERNET）加入了 6Bone，并于同年 12 月成为其骨干成员。

6Bone 被设计为一个类似于全球性的层次化的 IPv6 网络，包括虚拟的顶级转接提供商、虚拟的次级转接提供商和伪站点级组织机构。虚拟的顶级转接提供商负责连接全球范围的组织机构，顶级提供商之间通过用于 IPv6 的 BGP-4 扩展来相互通信，次级转接提供商也通过 BGP-4 连接到区域性顶级提供商，伪站点级组织机构连接到次级提供商。伪站点级组织机构可以通过默认路由或 BGP-4 连接到其提供商，最初的链接是将 IPv6 包以隧道方式封装在 IPv4 中经 Internet 进行传送，后期则逐渐演进并建立了纯 IPv6 链接。

3) X-Bone 重叠网

1998 年，在 MBone 和 6Bone 的基础上，研究人员提出了一个相对统一的重叠网技术方案，以便快速部署各种不同的网络基础设施，并命名为 X-Bone。研究人员希望通过 X-Bone，不仅可以支持 MBone 和 6Bone，还可以支持当时已成为研究热点之一的主动网络。

X-Bone 所设立的 IP 重叠网，具有自动部署、管理、协调和监测等功能，核心单元包括重叠网管理器(Overlay Manager，OM)和资源服务进程(Resource Daemon，RD)。OM 用于部署和协调重叠网，RD 用于协调不同网络部件的资源。X-Bone 还支持图形用户接口(Graphical User Interface，GUI)和面向应用的程序接口(API)，如图 1-2 所示。

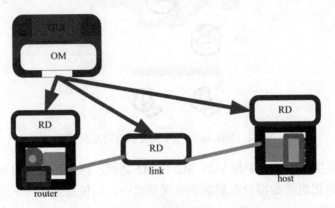

图 1-2 X-Bone 的网络组成要素

从图 1-2 可以看出，RD 运行于网络资源实体(如路由器、链路或主机)之内，用于监测统计网络资源的使用状态、协调重叠网之间的资源共享与分配，并与诸如 RSVP(资源预留协议)并与资源管理与分配置实体(如资源预留协议 RSVP)，通过接口实现互连。针对链路资源的 RD，主要负责虚拟链路或隧道的分组封装及解封装。针对主机的 RD，则主要负责在一个物理接口之上的虚拟地址管理，以及对接不同重叠网的地址选择。X-Bone 的控制管理与资源使用，具有功能分离的特征。

4) 弹性重叠网

除了上述基于专用网络设备(如 MBone 的专用路由器，6Bone 的 IPv6 路由器)的虚拟网络技术之外，研究开发人员设计和部署了基于通用主机的各类重叠网。20 世纪 90 年代开始，人们将重叠网运用于主机到主机的文件共享，如 Napster 和 Gnutella，形成对等(Peer-to-Peer，P2P)网络技术，并得到快速发展。2001 年，研究人员进一步提出弹性重叠网(Resilient Overlay Network，RON)用以提高 P2P 的可靠性和网络性能。

RON 是在 P2P 基础之上，引入智能节点，用以探测互联网的路径，解决互联网在跨自治域(Autonomous System，AS)时在路径选择方面存在的长时间中断或主机不可达问题，可以实现 QoS 选路、减少丢包和时延,以及故障的快速自动恢复。图 1-3 描述了普通 P2P 与 RON 在故障恢复方面的不同做法。

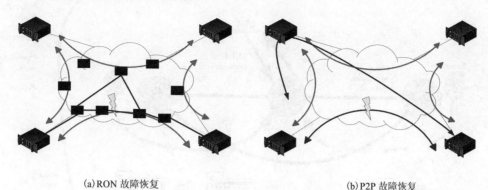

(a) RON 故障恢复　　　　　　　　(b) P2P 故障恢复

图 1-3　P2P 与 RON 故障恢复的对比

图 1-3 中,4 个 P2P 节点,位于不同的路由自治域,通过底层互联网实现相互之间的对等连接。虽然底层互联网具有重路由的功能,但其典型的故障恢复时长在数分钟到数小时不等。图 1-3(a)中,受故障影响的两个对等节点,其连接性受制于底层网络的恢复能力,可对 P2P 网络性能产生较为严重的影响。图 1-3(b)中,由对等节点参与,在探测到可达性故障后,指示受影响的对等节点在应用层面上,修改或优化其对等连接表,建立新的可达性拓扑。实测表明,RON 的故障恢复时间小于 10s,平均传送延时可降低约 10%。

当然,RON 也存在一些技术缺陷:其一,由于采用点到点的可达性探测,因此,随着网络规模的扩大,管理开销随节点数的平方增长;其二,采用应用层调控手段,并不能准确反映底层网络的实际情况,不利于达到全局高效性。

5) 应用层流量优化

2008 年,针对极速发展的 P2P 和其低效占用底层网络资源的实际情况,IETF 接纳了提供者主动参与的对等网络技术,称为 P4P(Proactive network Provider Participation for P2P)技术。P4P 技术引入了网络运营商的主动参与,能有效解决对等网络环境下跨 ISP 域间流量大和节点下载性能不稳定的问题,在现网测试中获得了很好的效果。

P4P 架构由分布式计算工业联盟(Distributed Computation Industrial Association,DCIA)下面的 P4P 工作组(P4PWG)提出。据观测统计,通过采用 P4P 技术,相比于 P2P,用户平均下载速度提高了 60%。P4P 中,用户有 58%的数据是来自同一 ISP 域,较传统 P2P 的 6.3%比例有了近 10 倍提升。对于 P4P 技术的标准化,IETF 成立了专门的应用层流量优化(Application-layer Traffic Optimization,ALTO)工作组,并已正式发布 3 项技术规范。

ALTO 服务是 P4P 的关键技术,它从物理网络收集拓扑信息、路由状态信息,结合 ISP 的运营成本和控制策略,向 P2P 的对等节点提供可优化的可达对等节点信息,如图 1-4 所示。

图 1-4 中,位于应用层重叠网的对等节点 2(Peer 2),向 ALTO 服务器(ALTO Service)查询目标信息的分布,服务器回应指向性的 ALTO 引导信息,再由对等节点建立对等网络拓扑,进而完成信息下载或传送。ALTO 的引导,介于底层网络与应用重叠网络之间,使 P2P 既可以实现自主控制,也可以最效率地使用底层网络的物理资源。

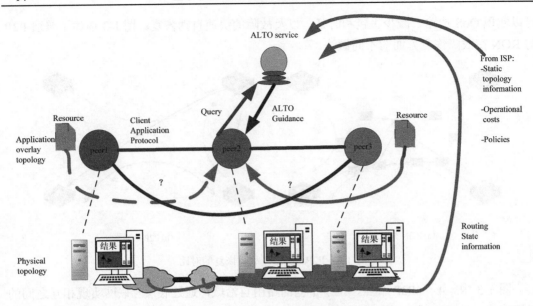

图 1-4　ALTO 的应用场景示意

6) PlanetLab 切片网络

2003 年，来自世界各地的多个研究机构共同建立了一个用于虚拟网络的实验床——PlanetLab，以便研究人员能在一个共享的网络之上开展重叠网络的研究。PlanetLab 节点采用开源的 Linux 操作系统，将 PlanetLab 网络硬件资源分片分配，并允许一个应用运行于分布于全球的所有（或部分）机器上。基于 PlanetLab 的实验组，通过请求一个 PlanetLab 切片网络，试验各种全球规模的服务，包括文件共享和网络内置存储、内容分发网络、路由和组播重叠网、QoS 重叠网、可规模扩展的对象定位、可规模扩展的事件传播、异常检测机制和网络测量。目前，已有数百个在研的项目运行于 PlanetLab 之上。

PlanetLab 的研究团体不仅成功地构建了各种虚拟化网络的工作原型，而且还构建了上百种可以在该平台上运行的全新服务。这些服务可以分为两种类型：一类是基础设施服务，即一些分布控制功能，包括分布式哈希表、事件处理、网络映射、网络故障映射、改进 DNS 服务的目标位置以及互联网蠕虫探测等；另一类是用户服务，主要是 P2P 业务，如内容分配、长期储存和存档、动态网络广播、可扩充媒体广播、高性能文件传送、大型多用户游戏以及全球可扩充协作服务等。知名度较高的 PlanetLab 项目包括：

(1) Netbait。在全球范围内检测和跟踪蠕虫等病毒。

(2) Oceanstore。在整个互联网范围内分布存储，为用户安全地存储程序和数据。

(3) ScriptRoute。分布式轻型主动网络测量环境和工具，用户利用它可以从远方的有利位置进行网络测量。

(4) CoDeeN。类似 CDN P2P 功能，以防止网站因过度访问而堵塞。

作为可编程网络技术的自然发展，SDN 可为虚拟网络提供一个更加灵活的基础平台，包括 PlanetLab 形式的切片式网络体系结构。

3. SDN 的分层结构

1) 组成特点

SDN 是可编程网络技术的自然发展，采用集中控制的方法解决网络控制与数据转发功能的相互分离，为各种新型业务提供统一的网络环境。SDN 吸收虚拟网络的各种技术手段，通过虚拟化业务或服务，为各种异构的体系结构与应用提供可共享的网络资源和灵活的控制手段。图 1-5 给出了 SDN 的总体概要结构，包括应用层、控制器和物理网络交换机。

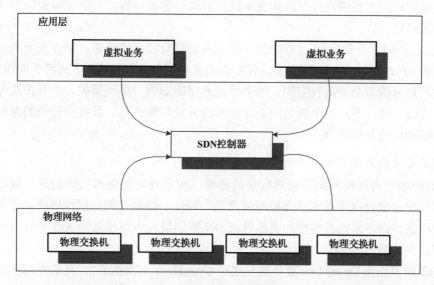

图 1-5 SDN 的系统组成

从图 1-5 可以看出，控制器与物理网络交换机之间，通过控制与数据接口（也称为南向接口）交互，应用层中实现不同功能的业务系统通过开放的 API（也称为北向接口）与控制器交互。物理网络中的网络交换机，负责用户数据的转发，其南向接口采用 OpenFlow 协议时，这些交换机也称为 OpenFlow 交换机。

理论上讲，SDN 并不强制要求南向接口一定采用 OpenFlow 协议，但 OpenFlow 具有重要的指向性作用。

OpenFlow 交换机由流表、安全通道和 OpenFlow 协议功能实体组成，是整个 SDN 的基础资源。OpenFlow 交换机接收到用户数据报文后，首先查找流表，找到转发报文的匹配，并执行相关动作。若找不到匹配表项，则把报文转发给 SDN 控制器，由控制器决定转发行为。控制器通过 OpenFlow 协议更新 OpenFlow 交换机中的流表，从而实现对整个网络流量的集中管控。控制器通过对底层网络基础设施进行资源抽象，为上层应用提供全局的网络抽象视图，摆脱硬件网络设备对网络控制功能的捆绑。应用层通过控制层提供的开放接口，对控制层提供的网络抽象进行编程，以操控各种流量模型和应用的网络流量，使得应用产生的流量对网络感知，实现网络智能化。

2) 流抽象与流表

SDN 网络底层的交换设备作为通用的数据转发硬件,需要支持对各种数据流的转发,除分组数据外,还可能包括电路数据,这要求对流进行合理抽象。同时,把数据通路抽象为流,在数据流非常大而用户又期望能对每条流进行精细化控制时,要求交换硬件能够提供足够的流表空间,并可对流表灵活地增加、删除、修改和匹配查找。由于 OpenFlow 对流表项的定义非常灵活,因此每个流表项占据的空间从 104 字节扩展到 237 字节。尽管现有的硬件设备提供的内存容量很大,但是由于内存访问的时延过长,为此多数交换设备的硬件流表都由三态内容寻址存储(TCAM)设备维护,而它目前难以支持大容量的流表存储,因此对交换芯片的大容量快速存取和流水线流表执行的硬件设计与研究将会成为 SDN 网络研究的重点之一。

OpenFlow v1.1 开始也把 v1.0 中的一张大流表划分成多级流表,以便充分利用现有交换芯片存放 MAC 地址表、IP 路由表、ACL 表的多种存储空间。基于多级流表的流表匹配,把流表空间划分成多个子流表空间,每个子流表空间形成一棵决策树,所有决策树形成决策森林。在设计时,不同决策树之间通过流水线并发判断执行,最终以较低的存储空间达到支持 40Gbit/s 的吞吐能力。

3) 网络资源抽象与应用层 API

SDN 控制层对底层网络资源进行全局抽象,应用通过控制器提供的开放接口进行编程,最终实现可编程网络以灵活操控网络流量。因此,控制层的开放程度决定了为上层应用提供的网络资源丰富性及使用的灵活性。SDN 控制层与应用层之间 API 设计有赖于控制层和应用层的功能边界划分。

控制器除了作为 OpenFlow 服务端与底层 OpenFlow 交换机通信,还需跟踪基础网络资源(链路、端口、交换、CPU 利用率等资源)状态,并对上述资源进行灵活抽象(如生成全局网络拓扑图),提供给应用层;同时还要把应用层下发的操控策略翻译成 OpenFlow 流表更新给底层交换。由于当前 SDN 网络应用场景的挖掘不足,北向接口 API 的提供形式、最小功能集和扩展灵活性均未被定义,标准组织和学术研究机构均还处在探索阶段。

4) 控制器的可伸缩性及可靠性

除了 OpenFlow 交换机对网络数据转发能力产生影响外,SDN 网络中所有 OpenFlow 交换机产生数据转发规则的集中式控制器可伸缩性对网络转发性能更是起着决定作用。尽管它被称为慢速路径(Slow Path),但当网络达到一定规模或用户并发访问突然增加时,控制器若无法对大量 OpenFlow 交换的并发请求及时响应,就会导致 OpenFlow 交换无法对大量到达的报文根据数据转发规则进行转发,很容易出现网络性能瓶颈。

控制器可伸缩性不仅决定着 SDN 网络规模的大小,也决定了 SDN 网络能否被大规模商用。同时,控制器作为整个网络的控制核心,其自身可靠性将决定 SDN 网络是否可用。当控制器遇到硬件故障或软件 BUG 时,由于无法为新流产生转发规则下发给 OpenFlow 交换设备,容易造成网络数据转发服务的中断。因此,相对于传统网络中控制功能在各个交换网络设备中的分布式部署,SDN 网络集中式控制器的可靠性对网络稳定性的影响更大。

5) 应用特点

SDN 架构中真正使能网络创新的是应用层，配各种新的网络流量模型和应用的整网规划最终都落在 SDN 应用层。应用层通过控制层提供的网络抽象视图，针对其关心的网络资源进行灵活编程，对网络流量进行灵活操控。

一开始的 SDN 应用多数以数据中心为主要对象。目前，在应用层进行新应用开发的实践研究包括网络接入控制、虚拟路由、控制器透明代理、Web 策略管理器、测试工具、网络可视化、利用 OpenFlow 实现的 IaaS 平台、使能跨云平台的安全框架等。在节约数据中心能耗方面，人们还提出了弹性树的概念，其基本思想是利用 OpenFlow/SDN 提供的整网视图和流量灵活操控的优势，通过链路状态自适应、迁移聚集少数流量的流至较少的链路、交换和服务器节点，最终切断没有流量的链路和交换，以达到节约能耗的目的。而利用流量可在 OpenFlow 交换间自由迁移的特点，通过周期性监测 OpenFlow 交换节点和服务器当前负载，可以构建分布式、动态、自动配置和灵活的负载均衡器，最终实现了全局最小化平均服务请求延迟的目标。

1.4.2 SDN 标准化历程

2009 年，SDN 概念入围美国 MIT 主办的 Technology Review 年度十大前沿技术，自此获得了业界的广泛关注和认可。随着 SDN 的热潮，涌现出一批 SDN 初创公司，在这种科技趋势的带领下，许多知名风投机构、业内传统科技巨头都纷纷对涉足这一领域的初创公司投入大笔资金。毫无疑问，SDN 这种新型网络架构，对传统网络架构带来的将会是颠覆性的改变。SDN 中控制平面和转发平面相分离的理念，将打破目前网络设备软硬件一体的架构，与此同时网络功能将由软件实现，设备利润将转移到软件领域。

一项技术在被广泛应用之前，推动其技术标准化尤为重要。虽然 SDN 可以简单地理解为通过网络设备软硬件相分离，从而实现网络效率提高的方法。但是在具体的实现过程中，需要一套完整的、通用的、业界大多数厂商采用的共同标准来实现不同厂商的设备、软件的相互兼容，从而使网络可以无障碍地进入 SDN 时代。各个国际及国内标准组织对 SDN 的标准化工作在不断推动、逐步完善当中，这标志着 SDN 带来的网络变革已经来临。

1. 开放网络基金会的标准化历程

开放网络基金会(Open Networking Foundation，ONF)是一个全球性非营利组织，它从用户角度出发，致力于 SDN 的发展和标准化，从而推动网络变革。

ONF 是当前业界最活跃、规模最大的 SDN 标准化组织。它强调一个开放的、协同发展的过程，是当前 SDN 标准制定的重要推动力量。ONF 最初旨在通过简单的软件改变，在电信网络、无线网络、数据中心以及其他网络领域加速创新。OpenFlow 为网络带来的可编程特性，使远程编程转发平面成为可能，因此，OpenFlow 协议标准是开放的 SDN 架构的重要组成元素，也是第一个 SDN 南向接口标准。ONF 自成立以来已经发布了多个版本的 OpenFlow，是目前应用最多、标准化程度最高、最受业界关注的协议。

2012 年，ONF 发布了 SDN 白皮书。ONF 为 SDN 网络定义了三个逻辑层：应用层、控制层、基础网络层。其中，基础网络层负责高速数据转发；控制层则对下层通过标准的协议与基础网络进行通信，对上层则通过开放接口向应用层提供对网络资源的控制能力；应用层则基于控制层提供的开放能力，来实现丰富多彩的业务创新。目前，这种三层架构已经得到了业界的广泛认可。ONF 的愿景是使得基于 OpenFlow 的 SDN 成为网络新标准，它也确实取得了很大成果，ONF 已经将自身树立为 SDN 领域的行业权威和 OpenFlow 协议标准的监管机构。当前，ONF 的工作组将继续分析 SDN 的需求，发展 OpenFlow 标准，以加速 SDN 技术和标准的商业部署，并将研究新标准，扩展 SDN 优势，提升 SDN 价值定位。

2011 年 3 月，在 McKeown 等的推动下，ONF 成立，主要致力于推动 SDN 架构、技术的规范和发展，以及 OpenFlow 标准和规范的维护和发展。创建该组织的核心成员有 Facebook、Google、德国电信、微软、Verizon、雅虎等 6 家成员。ONF 成员在推动 SDN 及 OpenFlow 技术的标准化和商业化发展，塑造下一代网络的过程中享有前所未有的机遇。自成立以来，ONF 成员数量在持续快速扩张当中，成员范围覆盖 IT 厂商、运营商、网络设备厂商、互联网及软件公司和芯片提供商等不同领域，其中董事会成员包括德国电信、日本 NTT、Facebook、Google、微软、Verizon、雅虎以及高盛 8 家成员；截止到 2013 年 10 月，ONF 已发展至 111 家成员，其成员列表几乎涵盖了全球 IT 产业链上下游的所有重要厂商。目前，来自中国的华为、中兴、腾讯、盛科、中国移动以及北京天地互联信息技术有限公司均已加入 ONF。

ONF 的成立是 OpenFlow 发展史上的里程碑，标志着 OpenFlow 正式走向产业化发展道路。ONF 正在致力推行的标准和规范主要围绕 OpenFlow 协议展开，在标准推进方面进展迅速。

ONF 在其董事会(Board of Directors)的领导下开展工作。ONF 董事会负责工作组(Working Groups，WG)的设立许可、委派工作组主席、批准标准发布等。执行董事(Executive Director)和技术咨询组(Technical Advisory Group，TAG)向董事会报告，其中执行董事负责管理所有的市场教育和区域性活动，并主持工作组主席团(Council of Chairs)的工作。工作组主席团则由各个工作组的主席组成。技术咨询组为 ONF 涉及下一代 SDN 的相关技术问题提供高层次的指导，负责创建和监督工作组，确定并解决在协议规范及标准化以前的高层次技术和架构问题，以及协助董事会进行管理。芯片制造商咨询委员会(Chipmakers' Advisory Board，CAB)的职责包括向董事会建议推动硬件生态系统和供应链的最佳方式；与技术咨询组、执行董事和技术工作组协调合作，以加速制定硬件采用的 OpenFlow 协议版本；促进芯片制造商高性能的实现 OpenFlow 协议。

技术工作组是 ONF 主要的技术研究部门，当前活跃的 ONF 技术工作组包括结构框架组、配置与管理组、扩展性组、转发抽象组、市场教育组、迁移组、北向接口组、光传输组、测试与互操作组、无线和移动组 10 个子工作组。此外，ONF 还设立有讨论组用于对尚不能进入标准化阶段的 SDN 论题进行讨论。讨论组的设立有助于激发新想法的进出，使得参与者可以对尚未被纳入现行标准体系中的相关问题进行深入研讨。ONF 设置有 5 个讨论组，分别是专题讨论组、日本组、4～7 层组、安全组和技能验证组。各个技术工作组和讨论组的详细描述如表 1-1 所示。

表 1-1 ONF 的技术工作组和讨论组

	名称	职责描述
技术工作组	结构框架组	通过对 SDN 体系架构中需要解决的一系列问题进行定义,推进 SDN 的标准化
	配置与管理组	解决 OpenFlow 标准中面临的核心运营、操作、管理等问题
	扩展性组	开发和扩展 OpenFlow 交换机协议的内容,使 OpenFlow 标准中能够采用最新的创新想法和技术优势
	转发抽象组	发展硬件抽象层规范,使得在运行前就能对转发面进行抽象建模,以简化 OpenFlow 标准的实现过程
	市场教育组	在 SDN 社区开展与基于 OpenFlow 的 SDN 价值主张相关的教育活动,推动 ONF 标准的采用。负责将市场反馈用于指导技术工作组
	迁移组	提供将网络服务从传统网络迁移至基于 OpenFlow 的 SDN 网络上的途径
	北向接口组	帮助开发北向接口的具体需求、架构及工作代码
	光传输组	解决在光传输网络中利用 SDN 和基于 OpenFlow 的控制能力时的相关问题
	测试与互操作组	加速 OpenFlow 标准化的发展和部署,通过测试和认证确保标准化开发,促使厂商产品间互操作,为 ONF 设备出具行业认证
	无线和移动组	探讨 OpenFlow 应用于控制无线接入网及核心网的开发方法
讨论组	专题讨论组	供所有成员讨论会议计划及其他一些引起广泛兴趣但非技术方面的话题
	日本组	供日本成员进行沟通,用日文进行讨论
	4~7 层组	用于讨论 4~7 层服务构件
	安全组	讨论 OpenFlow 协议、OF-CONFIG 协议和 SDN 基础架构的安全问题及如何提供更高的安全能力
	技能验证组	讨论对 SDN 相关从业人员的认证和测试

另外, ONF 还拥有的一组研究伙伴(Research Associates)未在表 1-1 中标出,其主要成员来自于高校,是由执行董事在董事会和 TAG 的指导下邀请和任命的。研究伙伴的主要职责是帮助 ONF 对 SDN 和 OpenFlow 标准进行先验证明,并协助开展测试工作。

ONF 根据各工作组的研究成果,不定期发布技术报告、技术白皮书,以及相关的标准规范制定和维护。ONF 最主要的研究成果是 OpenFlow 标准、OpenFlow 配置协议(OF-CONFIG)和互操作性测试,相关协议的最新版本分别为 OpenFlow v1.4.0 和 OF-CONFIG v1.1.1。其中,OpenFlow v1.0 和 OpenFlow v1.3 是适合开发的稳定版本。虽然 OpenFlow 已经扩展到 1.4 版本,但 ONF 将继续完善 1.3 版本,使 OpenFlow v1.3 成为部署者稳定的部署目标。

OpenFlow 协议用来描述控制器和交换机之间交互消息的标准,以及控制器和交换机的接口标准。OpenFlow 配置和管理协议(OF-CONFIG)由配置与管理工作组制定和维护,目前采用 NETCONF 协议进行传输。OF-CONFIG 是实现 SDN 架构的重要技术,与 OpenFlow 之间存在密切的关系。它的本质是在不影响流表的内容和数据转发行为的情况下,提供一个开放接口用于远程配置和控制 OpenFlow 交换机。OpenFlow 交换机上所有参与数据转发的软硬件(如端口、队列等)都可被视为网络资源,而 OF-CONFIG 的作用就是对这些资源进行管理。

表 1-2 是各版本 OpenFlow 标准及其相应特点。

表 1-2 各版本 OpenFlow 标准及其相应特点

发布时间	版本号	特点
2009 年 12 月	v1.0	第一个可商用化的 OpenFlow 标准
2011 年 2 月	v1.1	多级流表、组表、增加了虚拟端口以及对 MPLS、VLAN 的支持等特性
2011 年 12 月	v1.2	多控制器，支持 IPv6 报头各字段的识别，并提供了可扩展的匹配支持以及更大的灵活性
2012 年 6 月	v1.3	增加了重构能力协商、IPv6 扩展头支持、基于流的计量、基于连接的过滤、PBB 标签的支持以及更灵活的交换处理等特性
2012 年 9 月	v1.3.1	提升了版本协商的能力，修改了之前版本的一些错误
2013 年 4 月	v1.3.2	允许连接从控制器端进行初始化，流表报错信息描述，增加对部分行为和报文的澄清
2013 年 10 月	v1.4	增加流表删除机制，同步流表机制，流表监控功能，捆绑消息等，另外增加了更多的端口属性描述，控制面消息扩展，细化了对用户自定义消息的解释

2. OpenDaylight 联盟的规范化历程

2013 年 4 月，思科和 IBM 联合微软、Big Switch、博科、思杰、戴尔、爱立信、富士通、英特尔、瞻博网络、微软、NEC、惠普、红帽和 VMware 等发起成立了 OpenDaylight，虽然该组织的工作是在 Linux 基金会主持下进行的，但其与 Linux 无关。OpenDaylight 对参与成员的资质和义务都提出了较高的要求，但它仍旧得到了众多设备厂商的追捧，截止 2013 年 10 月，成员已经扩展到 29 家，其中包括来自中国的华为。

OpenDaylight 项目的范围包括开发 SDN 控制器、北向和南向 API（包括 OpenFlow）专有扩展以及东-西协议用于控制器之间的联结，并宣布要推出工业级的开源 SDN 控制器。OpenDaylight 旨在打破大厂商对网络硬件的垄断，驱动网络技术创新力，使网络管理更容易、更廉价。它的成立标识着主流设备制造商和 IT 厂商对 SDN 这一发展趋势的认可，同时它们希望能够继续主导产业的发展方向。OpenDaylight 力图构建一个开放的 SDN 开发平台，让网络服务的提供商能够在一个更高的起点更快地进行网络服务创新和开发。

与 ONF 不同的是，OpenDaylight 由大厂商控制并削弱了用户的声音。自 OpenDaylight 成立以来，就受到了不少质疑。有相当一部分人质疑 OpenDaylight 的结构、意图和目标。很多人认为这是厂商打着 OpenFlow 的标准化导向旗号，私下里试图维护其专利利益的组织。在业内大多数人看来，OpenDaylight 是一个与 ONF、NFV 分庭抗礼的组织，在该项目当中，以用户为导向的 ONF 并没有参加，ONF 也并没有对 OpenDaylight 进行官方的支持声明。此外，SDN 控制器是整个 SDN 架构的核心，OpenDaylight 的联合创始人思科已经有了 SDN 控制器，包含在思科开放式网络环境(Open Network Environment，ONE)的产品线内，不少人担心思科是否要将其自己的控制器发展为 OpenDaylight 的实际标准。2013 年 6 月，OpenDaylight 重要成员 Big Switch 由于担心思科对控制器的影响，宣布退出该组织。作为思科 ONE 的一个部分，onePK 将通过思科操作系统向开发者提供 API。这些思科操作系统包括 Cisco IOS、IOS-XR 和 NX-OS。onePK 和 OpenFlow 同为南向接口，思科对 OpenFlow 的淡化也使许多公司担心该项目将提出特定供应商或者供应商的技术作为部署 SDN 的标准。此外，该项目对会员实行分层的会费制度，因此产生的对厂商的区别对待也让人生疑。

3. 欧洲电信标准化协会标准化历程

欧洲电信标准化协会(European Telecommunications Standards Institute，ETSI)是由欧共体委员会于1988年批准建立的一个非营利性的电信标准化组织，其标准化领域主要是信息通信技术。作为网络领域中极具影响力的标准化组织，ETSI 很早就意识到了现存网络的一些缺陷。出于将 SDN 的理念引入电信业，实现有效降低运营商网络成本等方面考虑，ETSI 成立了专门用于讨论网络功能虚拟化(Network Functions Virtualization，NFV)架构和技术的行业规范工作组(Industry Specification Group，ISG)。NFV 和 SDN 是互补的，但又不相互依赖。虽然二者的结合可能产生更高的价值，但 NFV 的实现可以不使用 SDN。ETSI NFV 从运营商的角度出发，更多地体现了运营商的实际需求和思路，例如，基于软件实现网络功能并使之运行在种类广泛的业界标准设备之上；考虑运营商的规模化部署，避免只引入单一技术产品而导致对厂商的依赖性；着重考虑对网络资源的调配能力，通过网络能力的高效管理和按需交付推动网络业务的创新。ETSI NFV 的重点是网络功能的虚拟化，更为关注当前网络中第4~7层的业务应用，而与之对应的底层网络架构则是支撑上层技术实现的基础。

2012年10月，AT&T、英国电信、德国电信、Orange、意大利电信、西班牙电信和 Verizon 7家国际主流运营商在 ETSI 发起成立了一个新的网络功能虚拟化标准工作组 NFV ISG，截止到2013年10月，ETSI NFV 已有154家成员及参与者，涵盖网络运营商、电信设备供应商、IT 设备供应商以及技术供应商等。中国移动、中国联通、华为以及中兴也已经加入其中。

NFV ISG 的研究目标主要是希望通过广泛采用标准化的 IT 虚拟化技术，采用业界标准的大容量服务器、存储和交换机承载各种各样的网络软件功能，实现软件的灵活加载，实现在数据中心、网络节点和用户端等各个位置灵活的部署配置，从而加快网络部署和调整的速度，降低业务部署的复杂度，提高网络设备的统一化、通用化、适配性等，最终降低网络的 CAPEX 和 OPEX。ETSI NFV 将制定支持这些虚拟功能硬件和软件基础设施的要求和架构规范，以及发展网络功能的指南。NFV ISG 的工作将视情况整合现有的虚拟化技术和标准，并与其他标准委员会正在开展的工作相配合。

ETSI NFV 的组织架构如图1-6所示，其中 NFV 工作组主席及副主席、技术主管由 Verizon、德国电信、英国电信等运营商专家担任，可见其标准化的目标也是考虑运营商的需求。其中技术研究组包括虚拟化架构(Architecture of the Virtualization Infrastructure)、管理和业务编排(Management & Orchestration)、软件架构(Software Architecture)、可靠性和可用性(Reliability & Availability)、性能和便携性(Performance & Portability)以及安全(Security)。

目前，NFV 的主要工作成果为2012年10月发布的网络功能虚拟化白皮书，对 NFV 的定义、应用场景、基本功能、发展优势，以及与 SDN 等技术的关系等内容进行了描述。2013年10月发布了 NFV 最初的五个规范，这是使用 NFV 以简化推出新网络业务、降低部署和运营成本、推动创新历程中的重要的里程碑。该规范明确定义了商定的 NFV 框架及相关术语，这将有利于该行业实现完全互操作性 NFV 解决方案，并更利于使网络运营商和 NFV 解决方案提供者携手合作，有利于全球规模经济效益。

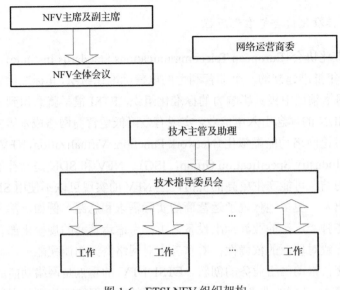

图 1-6 ETSI NFV 组织架构

4. 国际电信联盟(ITU)的标准化历程

ITU-T(ITU-Telecommunication Standardization Sector)是国际电信联盟通信标准化组织，创建于 1993 年。由 ITU-T 指定的国际标准通常被称为建议(Recommendations)。由于 ITU-T 是 ITU 的一部分，而 ITU 是联合国下属的组织，所以由该组织提出的国际标准比起其他组织提出的类似技术规范更正式一些。ITU-T 以四年为一个研究期进行相关标准制定，研究期为 2013～2016 年。ITU-T 当前存在的研究组(Study Group, SG)包括 SG2、SG3、SG5、SG9、SG11、SG12、SG13、SG15、SG16、SG17。研究组下设不同的课题(Question)组进行分类的标准研究，不同的 Question 按顺序编号，称为 Q1、Q2、Q3 等。ITU-T 在 2012 年开始展开对 SDN 的相关研究，通过与 ONF 的联络协商，ITU-T 明确了将针对运营商网络进行 SDN 场景对象、相关架构的研究。

ITU-T 在包含云计算、移动和下一代网的未来网络(Future Networks Including Cloud Computing, Mobile and Next-generation Networks)的研究组 SG13，设立了 SDN 的研究任务。在 2012 年 2 月召开的 ITU-T SG13 全会上，SG13 的 Q21 工作组首先启动了 Y.FNsdn-fm 和 Y.FNsdn 两个项目的研究，分别对应电信网络 SDN 的需求和架构，并初步提出了在电信网络中实现 SDN 的网络架构。在 2013 年 2 月召开的 SG13 全会上，修改了在研项目 Y.FNsdn 的研究范围从而覆盖 SDN 定义、总体特征、功能需求和架构。并将原有的 28 个 Question 重组为 19 个 Question，并对 SDN 相关的 Question 进行了重命名。其中，与 SDN 研究相关的组包括：Q2(NGN 演进的网络需求)和 Q3(NGN 演进的网络架构)，课题组重点研究 SDN 在现有 NGN 网络中的应用场景和功能需求；Q6(QoS 研究课题组)、Q8(安全研究课题组)、Q9(移动性研究课题组)分别研究与 SDN 相关的 QoS、安全和移动性实现方案；Q11、Q14(未来网络课题组)负责用户为中心的网络、服务和与包括 SDN 的未来网络的互通的演进，以及 SDN 通用功能及功能实体的标准制定，并研究在未来网络中应用 SDN 的需求；Q17、

Q18、Q19（云计算网络课题组）侧重研究云计算网络中 SDN 的应用场景和功能需求。

除了面向 SDN 功能需求和网络架构的标准化工作的 SG13 以外，SG11 负责结合 SG13 的工作，基于 SG13 的研究进展开展 SDN 信令需求和协议的标准化研究工作，并与 SG13 协商明确 SG11 侧重对 SDN 信令需求、信令参考架构、信令的实现机制和协议，协议兼容性测试等标准的制定，在 2013 年 2 月召开的 SG11 全会上，确定了启动对 BNG、BAN、IPv6 过渡技术中引入 SDN 的信令需求的新标准研究。SG11 组研究的通信网络 SDN 架构中的信令将与 ONF 制定的 OpenFlow 和 OF-CONFIG 协议兼容，并在此基础上基于通信网络的需求进行协议扩展，或者定义不同层面的协议标准。

此外，2013 年 2 月召开的 SG15 Q12/Q14 的中间会议也开始研究 SDN 对传送网络架构的影响，并根据会议提交的多篇文稿制定了 SDN 在传送网方面的研究方向列表，这些研究点将会是 SG15 Q12/Q14 后续 SDN 研究的重点。

在 2013 年 2 月召开的 SG13 全会上，由中国电信牵头，联合中国移动、中国联通、工业和信息化部电信研究院、中兴、华为等单位共同提出的智能型网络 NICE（Network Intelligence Capabilities Enhancement）与 SDN 技术结合的 S-NICE（软件定义的智能型通信网络）标准研究完成了立项工作，推动了 NGN 网络中 SDN 体系标准的制定，也为通信网络中引入 SDN 技术奠定了基础。这也标志着中国在智能管道研究领域获得了突破，并将逐步影响和主导智能型网络需求、智能型网络架构等国际系列标准研究制定工作。通过引入 SDN 技术，智能型通信网络架构可以为用户提供灵活的机制，根据用户需要请求网络配置相应资源，并可以实现动态调整；可以结合网络能力、网络性能、用户终端、业务感知等因素调整所提供的传送资源，优化流量传送机制，提升网络资源；可以开放资源服务能力，为内容和应用提供商按需提供传送资源保证能力，提升用户的业务体验。

5. 互联网工程任务组标准化历程

IETF（Internet Engineering Task Force）成立于 1985 年底，是全球互联网最具权威的技术标准化组织，主要任务是负责互联网相关技术规范的研发和制定，当前绝大多数国际互联网技术标准出自 IETF。与 ONF 相比，IETF 更多是由网络设备厂商主导，聚焦于 SDN 相关功能和技术如何在网络中实现的细节上。IETF 有两个与 SDN 相关的工作组，分别是转发与控制分离组（Forwarding and Control Element Separation，ForCES）和应用层流量优化工作组（Application-layer Traffic Optimization，ALTO）。其中，ForCES 的目标是定义一种架构和相关机制，用于在逻辑上分离的控制平面和转发平面之间交互信息，实际上是定义了 SDN 中转发与控制分离的一种可行的实现机制。该工作组从 2003 年至今共发布了 9 篇 RFC 文稿，内容涉及需求、框架、协议、转发单元模型，以及 MIB 等多个领域。ALTO 主要通过为应用层提供更多的网络信息，完成应用层的流量优化，用于判断的参数包括最大带宽、最少跨域、最低成本等。ALTO 的研究思想体现了 SDN 向上层应用开放接口的理念，这种开放部分网络信息以优化应用的做法，从广义上讲也是 SDN 的一种实现类型。

此外，IETF 还着手制定路由系统接口（The Interface to the Routing System，I2RS）标准。I2RS 的核心思想是在目前传统网络设备的路由及转发系统基础上开放新的接口来与外部控制层通信，外部控制层通过设备反馈的事件、拓扑变化、流量统计等信息来动态地下发路由状态、策略等到各个设备上去。IETF 主张在现有的网络层协议基础上,增加插件,并在网络与应用层之间增加 SDN 编排进行能力开放的封装,而不是直接采用 OpenFlow 进行能力开放,目的是尽量保留和重用现有的各种路由协议和 IP 网络技术,并在此基础上进行功能的扩展与丰富。与 ONF 中的 OpenFlow 协议相比。IETF 中定义的 SDN 网络架构重点强调的是设备的可编程性,即开放北向 API 接口,为用户创新提供有力保证。

在 IETF 第 81 次会议上召开了 SDN Side 会议,总体思路是将网元和应用的状态及其他信息提供给控制器,控制器再转而将这些数据提供给其他应用,包括路由域的研讨,准备开展该领域研究,并提出了 SDN 的网络架构。在 IETF 第 83 次会议上召开了网络向应用层信息开放(i2aix)BOF 会议,讨论认为在确保安全的基础上,网络向应用层开放信息是可行和必要的,ALTO 是一种可行的选择但还不完善,BGP、SNMP 或者新制定的协议都可能成为候选方案。在 IETF 第 84 次和第 85 次会议期间,SDN 成为了最热门的话题,在路由领域公开会议上,IR2S 被正式提出。在 IETF 第 85 次会议上召开了 IRS BOF 会议,关于 IR2S 问题的描述、需求、应用场景和架构模型等方向的草案文稿已超过 10 篇,会议讨论同意成立 IRS WG,并将研究组命名为 I2RS。

6. 国内的标准化历程

中国通信标准化协会(China Communications Standards Association,CCSA)成立于 2002 年底,作为国内通信行业标准工作的主阵地,积极应对 ICT 融合带来的机遇和挑战,组织和协调国内相关单位大力开展了 SDN 相关的标准工作,为国内的 SDN 研究和应用提供指导和服务。目前,CCSA 已开始在 TC1、TC3 和 TC6 设立 SDN 研究任务,预研 SDN 的应用场景及需求和问题分析、术语及定义、系统架构和功能模型、设备技术规范、互通规范和测试规范等。

CCSA 的 IP 与多媒体通信技术工作委员会(TC1)在 2012 年 8 月召开了"未来网络与SDN"专题研讨会,主要对 SDN 应用及发展、架构及关键技术进行了讨论。2013 年 1 月,TC1 成立了"未来数据网络(FDN)"任务组(SWG3),已经正式发布了 SDN 技术的研究报告,并正在制定未来数据网络 FDN 的场景需求、FDN 的架构、FDN 的接口协议三项行业标准。

网络与交换技术工作委员会(TC3)也开展了在 NGN 网络中的 SDN 技术引入需求和架构研究,与 ITU-T SG13 标准制定工作相呼应,立项并开始研究基于智能型网络的 SDN 技术标准(S-NICE),目前也已经开始对 S-NICE 的需求、架构等标准进行制定。

2012 年 12 月,传输工作组(TC6 WG1)针对"软件定义光网络技术"进行了研究立项,该项目将针对光网络的需求和特点,提出面向光传送网的 SDN 关键技术和解决方案。

1.5 SDN 的应用与发展历程

1.5.1 技术发展概况

SDN 是要把传统封闭的网络转变成一个开放式的环境,就像计算机一样也可以实现编程,创建易于管理的网络虚拟化层,并由此打开一个新的世界,让第三方开发网络应用程序，如 QoS、BYOD 安全、DPI 和身份管理，以及应用加速等。

OpenFlow 是实施 SDN 的一种方式，它使得交换机和控制器的接口标准化，为 OpenFlow 控制器，以及交换机与不同的厂商创造一种可以互相沟通的控制语言。OpenFlow 的参与者包括控制器厂商和众多交换机厂商。

在 OpenFlow 实施的初级阶段，客户的需求主要是网络虚拟化、多租户、负载均衡，以及基于策略的路由等。标准化的 OpenFlow 将为无数的第三方厂商打开一扇窗。在未来几年将会有越来越多的第三方应用开发商开始自己来编写应用程序放到 OpenFlow 网络上。未来 OpenFlow 就相当于网络领域的安卓，形成一种 SDN 应用市场，它允许客户和第三方开发者编写 OpenFlow 脚本和软件定义网络应用。当然，各个 SDN 标准化组织将在 OpenFlow 的"App Store"中扮演重要角色。

理论上，基于 OpenFlow 开发的应用程序可以运行在所有支持 OpenFlow 标准的硬件平台上，与厂商、品牌无关。但现实情况是，不同厂商硬件平台所支持的 OpenFlow 标准的版本并不相同。互操作性的问题存在于控制器、交换机、安全、策略和其他组件等各个层面。另外还有一个因素，就是一些厂商的自我保护，不允许其他厂商的应用程序运行在自己的硬件平台上。

1.5.2 代表性应用

作为一个新兴的网络技术，虽然 SDN 离成熟应用还有一定的距离，但自 2012 年起，Google 公司率先在其分散的多个数据中心之间开展了 SDN 部署，这是一个大规模企业应用的标志性事件。同期，一些研究团体和领先的信息服务企业已在局部开展了 SDN 部署及应用实验，这些部署主要集中在数据中心和无线接入网。

2012 年初，网络拍卖商 eBay 开始引入 SDN，以便开始快速创新和高效开发，同时确保数据中心关键架构的事务安全。eBay 使用了 Nicira 的虚拟网络技术和开源的 OpenStack 技术来进行测试和构建其 Web 应用程序。Nicira 基于开源技术 OpenFlow 和 OpenvSwitch 创建了网络虚拟平台（NVP），加速实现网络资源的虚拟化。受此影响，虚拟化行业颇具影响力的 Vmware，当年以 1.2 亿美元收购了 Nicira。eBay 的虚拟网络平台，选择 OpenStack 作为开源环境，使用 Nicira 和 Quantum 作为管理工具，来提升在线应用的能力，使服务器运行得更快。

2013 年 4 月，线上支付公司 PayPal，着手将其 1 万台服务器上的虚拟化基础设施从传统的 Vmware 升级为 OpenStack，并计划将 8 万台服务器最终更换为 OpenStack。分析表明，像 eBay、PayPal 这样的公司在数据中心基础设施上投入了数百万美元，同时将其视作一种竞争优势。相对于传统方式，大型网络公司都开始偏爱订制的基础设施软件加专业的咨询服务。

PayPal 的选择很有代表性，OpenStack 是开放源代码的，各公司可以参与其中，影响并推动其发展，又可以避免和特定厂商的产品绑在一起，这样就可以更为灵活地控制自己的业务系统。围绕 OpenStack 的很多公司也开始盈利，这说明以 OpenStack 为中心的产业链环境已经建立，且有良好发展前景。实际上，2013 年底之前，已有越过 10 个公开案例报道，利用 OpenStack 开展 SDN 部署与应用。

2013年2月，在移动世界大会上，爱立信公司展现了其运营商软件定义网络(Service Provider SDN)，以确保运营商具有运营商级工具来构建实时平台，将使其能够为消费者和企业提供云服务。爱立信认为，现有数据中心的软件定义网络交换和控制器技术并不足以支持实时电信环境，后者还需要支持电信服务及大型运营支撑系统、业务支撑系统的运营商级、虚拟化、广域网基础设施。通过运营商软件定义网络能够对电信网络的所有领域进行控制，将云控制与网络控制连接起来，集成网络控制和系统构架、云管理和服务提供，确保网络基础设施安全、顺畅地迁移至虚拟化广域网，并具有平滑升级、兼容运行的能力。

1.5.3 代表性产业布局

市场研究公司 IDC 的数据显示，目前85%的行业相关企业正在研究 SDN，从2012年以来，SDN 的相关市场空间正在逐年快速增长，之所以能如此迅速地增长，主要是因为 SDN 市场的推动者正在与日俱增。如今 SDN 已成为业界最炙手可热的概念之一，几乎所有的网络设备厂商、服务商都在转向这一新的潮流。下面列举几个比较有影响的收购，来看一下大公司在 SDN 方面的战略布局。

1) Intel 收购 Fulcrum Microsystems

Fulcrum Microsystems 是成立于2000年的一家半导体公司，主要提供用于交换和路由的网络芯片。Intel 此前在数据中心领域的重点一直是在服务器上，包括提供 CPU 和智能网卡。这一收购虽然跟 SDN 没有直接关系，主要影响的是数据中心交换芯片格局，但 Intel 参与数据中心网络，对 SDN 产生影响的意义也比较大。

2) VMware 收购 Nicira

2012年7月24日，VMware 以约10.5亿美元现金加约2.1亿美元非既得股权奖励的架构收购 Nicira，引爆了 SDN 领域的风险投资和收购热潮，因为 Nicira 的创始人就是 OpenFlow 的发明人，斯坦福大学的 Martin Casado 博士。

3) Oracle 收购 Xsigo System

2012年7月30日，就在 VMware 收购 Nicira 的一周之后，Oracle 宣布收购 Xsigo System 公司。Xsigo System 与 Nicira 可以算是竞争对手，这一收购势必加剧了 Oracle 与 VMware 之间的竞争。

4) 思科收购 vCider

2012年10月初，思科宣布收购初创企业 vCider。vCider 是一家创立于2010年的，以 SDN 为基础，提供4~7层虚拟私有化网络的创业公司。思科收购 vCider 之后把它合并到自己的云计算部门，加强自己在网络虚拟化和云计算领域的竞争力。

5) 博科收购 Vyatta

2012年11月6日，博科宣布以全现金交易形式收购私人企业 Vyatta。Vyatta 成立于2006年，它的主要产品是开源路由器软件，并且还整合了防火墙、VPN 功能。这次收购的目标是使博科成为软件网络领域的创新和领导厂商。

6) Juniper 收购 Contrail System

2012 年 12 月，Juniper 用 1.76 亿美元现金和股票收购了 SDN 创业企业 Contrail System。Contrail System 是 2012 年初才创立的初创企业，创始人来自于 Google、思科、Juniper 和 Aruba 等公司，它们的主要产品是一款支持 BGP 和 XMPP 的分布式 SDN 控制器。Juniper 的这次收购瞄准了网络虚拟化和 NFV 市场。

7) 思科收购 Cariden

2012 年 12 月，思科以 1.4 亿美元收购 Cariden。该公司主打 IP/MPLS 流量管理软件。思科的本次收购希望加快面向服务提供商客户的 SDN 战略发展。

8) F5 收购 LineRate

2013 年 2 月，F5 宣布收购 SDN 解决方案供应商 LineRate。LineRate 是一个创业型小公司，专注于 7 层应用，其基于 SDN 的 Proxy 产品解决方案是一种基于软件的流量管理平台。F5 的这次收购是将 NFV 作为一项战略执行以实现最大的灵活性。

1.6 本章小结

SDN 是一种新兴的网络架构，属于下一代网络技术研究范畴，它既可以继承现有网络技术，也可不依赖于现有网络技术独立发展。SDN 架构的目的是对现有复杂的网络控制面进行抽象简化，使控制面能够独立创新发展，从而使得网络面向应用可编程化。本章分析了变电站的特征、发展历程以及现有变电站的不足，对 SDN 的技术特点、标准化情况与应用现状做了基本介绍。SDN 是一种技术，更代表着一种理念，它的出现，无疑会对变电站的发展变革产生深远的影响，也将为行业网络的发展提供良好的解决方案。

第 2 章 智能变电站基础知识

2.1 变电站自动化的基本功能

2.1.1 数据采集和处理

智能变电站通过测控、保护、状态监测等设备实时采集模拟量、状态量等信息量,同时通过通信设备接口接收来自其他通信装置的数据。I/O 数据采集单元对所采集的实时信息进行数字滤波、有效性检查,工程值转换、信号接点抖动消除、刻度计算等加工,从而提供可应用的电流、电压、有功功率、无功功率、功率因数等各种实时数据,并将这些实时数据带品质描述传送至站控层和调度中心。

1) 采集信号的类型

采集信号的类型分为模拟量、状态量(开关量)。

(1) 模拟量包括电流、电压、有功功率、无功功率、频率、功率因数和温度量等。

(2) 状态量(开关量)包括断路器、隔离开关以及接地开关的位置信号、一次设备的告警信号、继电保护和安全自动装置的动作及告警信号、运行监视信号、变压器调压分接头位置信号等。

2) 信号输入方式

(1) 模拟量输入。除直流电压、温度通过变送器输入外,其余电气量采用交流采样,A/D 转换位数≥14 位,采样精度不低于 0.2 级;输入 CT、PT 二次值,计算电流 I、电压 U、有功功率 P、无功功率 Q、频率 F、功率因数 $\cos\phi$。交流采样频率≥64 点/周波,能采集到 13 次谐波分量,变送器输出为 4~20mA,DC 0~5V。

(2) 状态量(开关量)输入。通过无源接点输入,断路器、隔离开关、接地开关等取双位置接点信号。

(3) 保护信号的输入。重要的保护动作、装置故障信号等通过无源接点输入,其余保护信号通过以太网接口与变电站自动化系统相连。

(4) 通信设备接口信号接入。站内通信设备主要包括直流电源系统、交流不停电系统、火灾报警装置及主要设备在线监测系统等。变电站自动化系统公用接口设备采用数据通信方式收集各类信息,且容量及接口数量满足以上所有设备的接入,并留有一定的裕度。

3) 数据处理

(1) 模拟量处理。按扫描周期定时采集数据并进行相应转换、铝箔、精度检验及数据库更新等。

(2)状态量处理。定时采集按快速扫描方式周期采集输入量,并进行状态检查及数据库更新等。

4)数据品质

IEC 61850-7-3 定义了全部的品质值,包括数据有效性(validity)、数据来源(source)、测试(test)以及各种细化品质(detail quality)[如旧数据(olddata)、越限(outofrange)、溢出(overflow)等];当检修时,装置所有数据的 test 品质属性都置位,CCU 可以根据这一属性进行数据的分类处理。数据的时间属性支持时间同步相关品质,当时间同步失败时,时间未同步品质置位。

2.1.2 操作控制

变电站自动化系统可对需要控制的电气设备进行控制操作。操作时具有操作监护功能,允许监护人员在人机界面上实施监护,避免误操作。操作控制分为四级。

第一级控制:设备就地检修控制。具有最高优先级的控制权。当操作人员将就地设备的远方/就地切换开关放在就地位置时,将闭锁所有其他控制功能,只能进行现场操作。

第二级控制:间隔层控制。其与第三级控制的切换在间隔层完成。

第三级控制:站控层控制。该级控制在 MMI 上完成,具有远方/站控层的切换。

第四级控制:远方控制。优先级最低。

间隔层和设备层只作为后备操作或检修操作手段。为防止误操作,在任何控制方式下都需采用分步操作,即选择、返校、执行,并在站级层设置操作员、监护员口令及线路代码,以确保操作的安全性和正确性。对任何操作方式,保证只有在上一次操作步骤完成后,才能进行下一步操作。同一时间只允许一种控制方式有效。

为了防止误操作,一般还具有防误操作闭锁功能,在站控层和间隔级测控单元实现全站电气防误操作的功能,通过对运行人员的电气设备操作步骤进行监测、判断和分析,以确定该操作是否正确。若发生不正确操作,对该操作进行闭锁,并打印显示信息。在站控层无法工作时,间隔层能实现全站断路器和刀闸的控制联闭锁。

2.1.3 事故报警

采集的模拟量发生越限、数字量变位、保护动作、通信异常及计算机系统自诊断故障时能进行报警处理。事故发生时,事故报警装置立即发出音响报警,画面显示上有相应开关的颜色发生改变并闪烁,同时显示报警条文。报警方式分为两种:一种为事故报警,包括非正常操作引起的断路器跳闸和保护装置动作信号;另一种为预告报警,包括一般设备变位、状态异常信息、模拟量或温度量越限等。前者为事故信号触发,后者为报警信号和一般信号触发。

对事件的报警能分层、分级、分类处理,起到事件的过滤作用,能灵活配置报警的处理方式。事故报警和预告报警采用不同颜色、不同音响予以区别。

1. 事故报警

事故状态方式时,事故报警立即发出音响报警(报警音量可调),MMI 的显示画面上用颜色改变并闪烁表示该设备变位，同时显示红色报警条文，报警条文可以选择随机打印或召唤打印。

事故报警可通过手动和自动方式进行确认，自动确认时间可调。报警一旦确认，声音、闪光即停止。

第一次事故报警发生阶段，允许下一个报警信号进入，即第二次报警不会覆盖上一次的报警内容。报警处理可以在主计算机上予以定义或退出。事故报警有自动推送画面功能。

2. 预告报警

预告报警发生时，除不向远方发送信息外，其处理方式与上述事故报警处理相同（音响和提示信息颜色区别于事故报警）。部分预告信号具有延时触发功能。

对每一测量值（包括计算量值），可由用户序列设置四种规定的运行限值（低低限、低限、高限、高高限），分别可以定位作为预告报警和事故报警。四个限值均设有越/复限死区，以避免实测值处于限值附近频繁报警。

开关事故跳闸到指定次数或开关拉闸到指定次数，可以推出报警信息，提示用户检修。

2.1.4 事件顺序记录

当变电站一次设备出现故障时，将引起继电保护动作、开关跳闸，事件顺序记录功能将事件过程中各设备动作顺序，带时标记录、存储、显示、打印，生成事件记录报告，供查询。系统保存 1 年的事件顺序记录条文。事件分辨率：测控单元≤1ms，站控层≤2ms。事件顺序记录带时标。

2.1.5 画面显示

变电站自动化提供基本的画面定义和显示，使用户能够方便直观地完成实时画面的在线编辑、修改、定义、生成、删除、调用和实时数据库连接等功能。在人机界面上显示的各种信息以报告、图形等形式提供给运行人员。系统具有电网网络拓扑分析功能，实现带电设备的颜色标识。系统画面主要显示内容如下：

全站电气主接线图，图中包括电气量实时值、设备运行状态、潮流方向、断路器、隔离刀闸、地刀位置、"就地/远方"转换开关位置等（当幅面太大时可用漫游或缩放方式）。

(1) 分区及单元接线图。
(2) 曲线显示，时标刻度、采样周期可由用户选择。
(3) 棒图显示（电压和负荷监视），时标刻度，刷新周期可由用户选择。
(4) 饼图显示。
(5) 间隔单元及全站报警显示图。
(6) 变电站自动化系统配置及运行工况图。
(7) 保护配置图。
(8) 直流系统图。
(9) 站用电系统图。
(10) 报告显示（包括报警、事故和常规运行数据）。

2.1.6 保护管理

保护管理提供所有保护装置的参数、事件、录波数据管理功能，支持在 MMI 对保护装置进行远方定值修改和压板的投退。

(1) 保护定值的召唤、设置。
(2) 保护运行定值区的召唤、切换。
(3) 保护控制字(软压板)的召唤、投退。
(4) 保护故障录波文件的显示与分析。

2.1.7 远方通信

远方通信一般指与远方调度或调控中心进行数据交换，采用专用独立设备(无硬盘无风扇的专用装置)，通信规约采用 IEC 60870、DNP 等。因为存在多级管理，所以往往需要同时和多个控制中心系统通信，且能对通道状态进行监视。对于下发的指令，最重要的是能够正确接收、处理、执行控制中心的遥控命令，但同一时刻只能执行一个主站的控制命令。

向远方调度中心传送的实时信息如下。

(1) 模拟量。线路电流、有功功率、无功功率，变压器各侧的电流、有功功率、无功功率，所采集的各母线电压及频率，母联和分段断路器电流，主变油温。

(2) 状态量。断路器位置信号，隔离开关位置信号，主变压器保护、母线保护、线路保护动作信号，断路器重合闸、失灵保护动作信号，变电站事故总信号，变压器分接头位置信号。

2.1.8 工程组态

工程组态就是采用配置工具完成项目配置的过程，配置时需要自动正确识别和导入不同制造商的模型文件，具体步骤如下。

(1) 使用装置组态工具配置生成每个类型装置的 ICD 配置文件，或由装置厂商直接提供装置 ICD 配置文件。

(2) 使用一次系统组态工具配置生成系统的 SSD 配置文件。

(3) 使用系统组态工具导入每个装置的 ICD 配置文件，对装置实例进行配置，然后导入系统 SSD 配置文件，配置一次系统与装置的关联以及装置间通信配置，生成全站配置 SCD 文件，提供给变电站自动化系统实现数据库的自动创建。

(4) 使用系统组态工具导出装置实例配置 CID 文件，提供给装置组态工具下装装置完成装置配置。

2.2 IEC 61850 标准及应用

2.2.1 IEC 61850 标准

数字化变电站和智能变电站的基础是 IEC 61850 系列标准。IEC 61850 标准是由国际电工委员会第 57 技术委员会于 2002~2005 年陆续颁布各个分册的、应用于变电站通信网络和系统的国际标准。作为基于网络通信平台的变电站唯一的国际标准，IEC 61850 标准吸收了 IEC 60870 系列标准和 UCA 的经验，同时吸收了很多先进的技术，对保护和控制等自动化产品和变电站自动化系统的设计产生了深刻的影响。它不仅应用于变电站内，而且可以运用于变电站与调度中心之间以及各级调度中心之间。

IEC 61850 系列标准共 10 个分册、14 个标准，国内等同采用的标准号为 IEC 61850，各部分的名称如下：

(1) IEC 61850-1 (IEC 61850-1) 介绍和概述。

(2) IEC 61850-2 (IEC 61850-2) 术语。

(3) IEC 61850-3 (IEC 61850-3) 总体要求。

(4) IEC 61850-4 (IEC 61850-4) 系统和项目管理。

(5) IEC 61850-5 (IEC 61850-5) 功能通信要求和装置模型。

(6) IEC 61850-6 (IEC 61850-6) 变电站配置描述语言。

(7) IEC 61850-7-1 (IEC 61850-71) 变电站和馈线设备的基本通信结构——原理和模型。

(8) IEC 61850-7-2 (IEC 61850-72) 变电站和馈线设备的基本通信结构——抽象通信服务接口 (Abstract Communication Service Interface，ACSI)。

(9) IEC 61850-7-3 (IEC 61850-73) 变电站和馈线设备的基本通信结构——公共数据类。

(10) IEC 61850-7-4 (IEC 61850-74) 变电站和馈线设备的基本通信结构——兼容逻辑节点类和数据类。

(11) IEC 61850-8-1 (IEC 61850-8-1) 特定通信服务映射：到制造报文规范 MMS (ISO 9506-1 和 ISO 9506-2) 和 ISO 8802-3 的映射。

(12) IEC 61850-9-1 (IEC 61850-91) 特定通信服务映射：通过单向多路点对点串行通信链路的采样值。

(13) IEC 61850-9-2 (IEC 61850-9-2) 特定通信服务映射：通过 ISO/IEC 8802-3 的采样值。

(14) IEC 61850-10 (IEC 61850-10) 一致性测试。

标准定义了全新的变电站自动化系统框架，全面覆盖了系统架构、信息模型、通信服务、工程配置及一致性测试等各个方面。其主要特点如下。

1) 分层的变电站自动化架构

IEC 61850 标准将变电站自动化系统分为 3 层：站控层、间隔层、过程层。在站控层和间隔层之间的网络采用抽象通信服务接口映射到制造报文规范(MMS)、传输控制协议/网际协议(TCP/IP)以太网或光纤网。在间隔层和过程层之间的网络采用单点向多点的单向传输以太网。

IEC 61850 标准中没有继电保护管理机，变电站内的智能电子设备(IED，测控单元和继电保护)均采用统一的协议，通过网络进行信息交换。

2) 面向对象的数据建模技术

IEC 61850 标准采用面向对象的建模技术，定义了基于客户机/服务器结构的数据模型。每个 IED 包含一个或多个服务器，每个服务器本身又包含一个或多个逻辑设备。逻辑设备包含逻辑节点，逻辑节点包含数据对象。数据对象则是由数据属性构成的公用数据类的命名实例。对通信而言，IED 同时扮演客户的角色。任何一个客户可通过抽象通信服务接口和服务器通信访问数据对象。

3) 数据自描述

IEC 61850 标准定义了采用设备名、逻辑节点名、实例编号和数据类名建立对象名的命名规则；采用面向对象的方法，定义了对象之间的通信服务，如获取和设定对象值的通信服务、取得对象名列表的通信服务、获得数据对象值列表的服务等。面向对象的数据自描述是指，在数据源就对数据本身进行自我描述，传输到接收方的数据都带有自我说明，不需要再对数据进行工程物理量对应、标度转换等工作。由于数据本身带有说明，所以传输时可以不受预先定义限制，简化了对数据的管理和维护工作。

4) 网络独立性

IEC 61850 标准总结了变电站内信息传输所必需的通信服务，设计了独立于所采用网络和应用层协议的抽象通信服务接口。在 IEC 61850-72 中，建立了标准兼容服务器所必须提供的通信服务的模型，包括服务器模型、逻辑设备模型、逻辑节点模型、数据模型和数据集模型。客户通过 ACSI，由专用通信服务映射(SCSM)映射到所采用的具体协议栈，如制造报文规范(MMS)等。IEC 61850 标准使用 ACSI 和 SCSM 技术，解决了标准的稳定性与未来网络技术发展之间的矛盾，即当网络技术发展时只需要改动 SCSM，而不需要修改 ACSI。

2.2.2　IEC 61850 协议栈

站在通信实现的角度看 IEC 61850 系列标准，其协议栈模型如图 2-1 所示。

协议分层是一种很有效的简化复杂性的手段，因为每一层协议的功能明确、对上对下的接口明确，所以复杂协议的设计、理解、实现和测试都可以大为简化。协议较低层向它的上一层提供服务，对等层之间则执行相同的操作，每一层的规模都控制在普通人可以理解的范畴。就 IEC 61850 标准的内容而言，只需要关注到和 IEC 61850 直接相邻那一层提供的服务，并考虑和阐明如何使用这些服务实现变电站自动化特定的应用需求，至于其下各层的具体定义，自然由相应的其他标准完成。

就图 2-1 所示的 IEC 61850 协议栈而言，IEC 61850-8-1 主体的客户端/服务器架构使用 MMS 服务，而 GOOSE 和 IEC 61850-9-2 直接建立在以太网链路层之上，ASN.1/BER 接口和 IEC 61850-9-1 也直接建立在以太网链路层之上，对时服务通过 SNTP 实现。这些关系构成了软件模块的天然划分，也使得采用独立的中间件成为可能。

IEC 61850 的底层网络均映射到以太网上。传统观点认为以太网是一种总线型网络，采用 CSMA/CD(带碰撞检测的载波侦听多址访问)机制在重负荷的极端情况下不能够保证通信的实时性。然而交换式以太网已经完全摒弃了早先共享总线带宽的缺点，依靠交换机这一高可靠性核心部件把总线型以太网变成了星型拓扑。目前的工业以太网技术已经可以实现在恶劣运行条件下所有端口独占带宽的 100MB 线速交换，并且可按照 IEEE 802.1q 实现数据包的优先级处理。随着这些技术的发展，以太网在工业控制领域的运用越来越多，在变电站自动化系统中应用的优点也逐渐被接受。在 IEC 61850 中全面采用以太网技术，尤其在过程层通信方面，利用以太网的组播和优先级交换特性，满足过程层通信的实时性、可靠性以及一发多收要求。

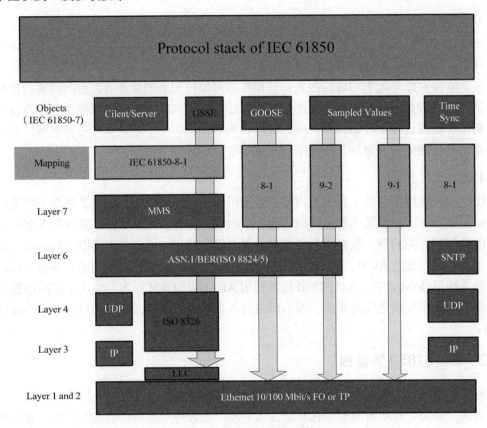

图 2-1　IEC 61850 协议栈

最后有必要说明的是，协议穿越的层次越多，所能提供的服务就越复杂；而协议的层次越少，其效率就可能越高。因此，从图 2-1 可以看出，IEC 61850-8-1 映射到 MMS 的部分实现的功能相对较多，而 IEC 61850-9-1 和 IEC 61850-9-2 则提供最高的效率和较少的功能。

2.2.3　一致性测试

IEC 是一个非营利性的国际组织，它只负责制定相关的国际标准，本身并不为任何厂商的产品提供符合性认证(在各 IEC 标准前言有声明)。以前出现过，使用 IEC 标准的若干厂家对标准的理解和执行有异，然而却分别通过了不同测试机构的检测。为了最大限度地避免此类问题，实现标准的互操作性目标，IEC 61850 在制定之初就考虑了如何进行符合性测试，由 IEC 61850-10 规定了一致性测试的原理、方法、用例乃至报告样本。

有了详尽一致性测试标准，厂家在实现时可避免差异性，检测机构也有了明确的测试依据。不过，在第 1 版的 IEC 61850-10 中只规定了 Server 端(装置)如何进行一致性测试，没有对 Client 端(监控后台)和 SCL 配置工具的一致性测试进行规定。在实际的系统互联中，Client 端通信软件和配置工具也会对互操作产生较大影响，为此，在后来完成的 IEC

61400-25 标准中(面向风电应用扩展)考虑了一些 Client 端测试的内容。在 IEC 61850-10 第 2 版中,系统地增加了 Client 端通信软件、IED 配置工具和系统配置工具的一致性测试内容。

2.3 智能变电站通信网络架构

2.3.1 智能变电站系统分层

变电站通信网络存在的目的就是能够更方便和灵活地将各种智能设备连接在一起,共同实现对变电站设备及其馈线的监视、控制、保护,以及一些维护功能,这些功能主要可分为六类。

(1)系统支持功能。网络管理、时间同步、物理装置自检。

(2)系统配置或维护功能。节点标识、软件管理、配置管理、逻辑节点运行模式控制、设定、测试模式、系统安全管理。

(3)运行或控制功能。访问安全管理、控制、指示瞬时变化的运行使用、同期分合、参数集切换、告警管理、事件记录、数据检索、扰动/故障记录检索。

(4)就地过程自动化功能。保护功能(通用)、距离保护、间隔联锁、测量和计量及电能质量监视。

(5)分布自动化支持功能。全站范围联锁、分散同期检查。

(6)分布过程自动化功能。断路器失灵、自适应保护(通用)、反向闭锁、负荷减载、负荷恢复、电压无功控制、馈线切换和变压器转供、自动顺控。

由于管理上的要求,一般又将智能变电站的系统分为一体化监控、输变电设备状态监测、电能量采集、辅助应用、变电站生产与管理、时间同步等多个子系统,这些子系统之间通过标准的访问接口进行交互,其组成关系如图 2-2 所示。

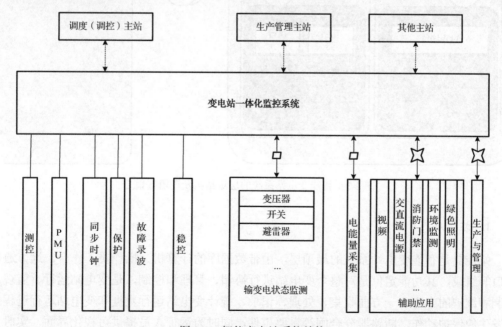

图 2-2 智能变电站系统结构

根据功能定位的差别,智能变电站系统可以按从上到下的顺序分为 3 层,即站控层、间隔层、过程层,如图 2-3 所示。

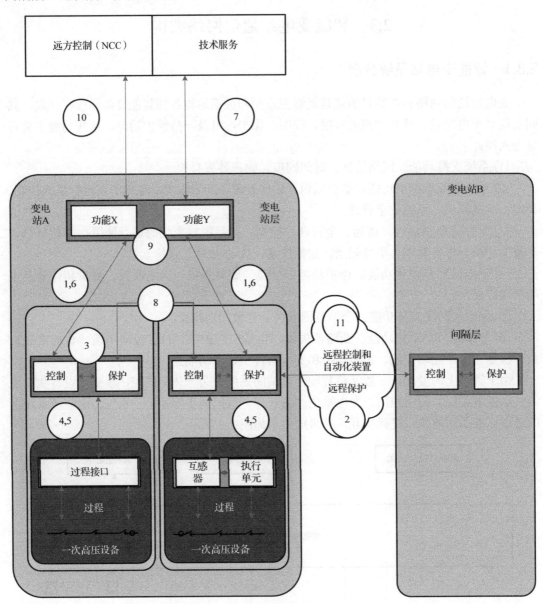

图 2-3　智能变电站系统的层级结构及逻辑接口

1. 站控层

站控层是智能变电站系统的最顶层,由带数据库的计算机、操作员工作台、远方通信接口等组成,其功能定位是对整个变电站进行协调、管理和控制,是变电站运行、监视、控制和维护的中心。一方面收集、处理、记录、统计变电站运行数据和变电站运行过程中所发生的保护动作、断路器分合闸等重要事件,同时为运行人员提供可视化界面,实时显示站内运行情况。另一方面,也通过与远方控制中心交互来接收远方的操作与控制指令,按操作指令或预先设定的规则执行各种复杂工作。

站控层的主要任务是:

(1) 汇总全站的实时数据信息,刷新实时数据,记录历史数据。
(2) 按既定协议将有关数据信息送往远方控制中心。
(3) 接收远方控制中心有关控制命令并转间隔层、过程层执行。
(4) 在线可编程的全站操作闭锁控制功能。
(5) 站内当地监控、人机联系功能,如显示、操作、打印、报警等功能以及图像、声音等多媒体功能。
(6) 间隔层设备的在线维护、在线组态、在线修改参数的功能。
(7) 变电站故障自动分析和操作培训功能。

2. 间隔层

间隔层是智能变电站系统的中间支撑层,由每个间隔的测量、控制、保护或监测等功能单元组成。一方面采集和处理采集来自过程层的数据,完成相关功能,并通过过程层作用于一次设备。另一方面,直接与站控层设备通信,上传处理后的测量数据并接收各类操作命令。间隔层设备通常安装在各继电器小室,按电气设备间隔配置,不同间隔之间的装置相对独立,通过通信网互联。

间隔层的主要任务是:

(1) 汇总本间隔过程层实时数据信息。
(2) 实施对一次设备保护控制功能。
(3) 实施本间隔操作闭锁功能。
(4) 实施操作同期及其他控制功能。
(5) 对数据采集、统计运算及控制命令的发出具有优先级别的控制。
(6) 承上启下的通信功能,即同时高速完成与过程层及站控层的网络通信功能。

3. 过程层

过程层是一次设备与二次设备的结合面,由远方 I/O、智能传感器和执行器等组成,完成电信号和光信号的采集、转换、传输任务,包括电气量、非电气量及位置状态等。

许多情况下过程层被错误等同于合并单元和智能终端,但最全面的过程层定义包括:

(1) 与一次设备连接的电缆部分。
(2) 指示位置或状态的辅助指示接点。
(3) 传送开合命令到机械机构或 IED 的机电控制继电器,及与之连接的电磁线圈。
(4) 用于电压、电流测量的传统互感器或电子互感器的连接部分。
(5) 非电气量的传感器,如气体密度、油压、气压、温度、振动等。
(6) 可能用到的串行通信部分。

对于智能变电站而言,数据交换始终是保证系统完整性的关键,因此在层与层之间及各层内部不同部分之间,定义了若干标准化的逻辑接口,不同功能单元之间通过这些逻辑接口进行数据和服务交互,共同完成特定的应用功能。标准化的逻辑接口见表2-1。

表 2-1 智能变电站逻辑接口定义

序号	接口定义
1	间隔层和站控层之间保护数据交换
2	间隔层和远程保护之间保护数据交换
3	间隔层内数据交换
4	过程层和间隔层之间的 CT 和 VT 瞬时数据交换(尤其是采样)
5	过程层和间隔层之间控制数据交换
6	间隔层和站控层之间控制数据交换
7	站控层和远程工程师的办公地点间的数据交换
8	间隔层之间的直接数据,尤其是像联闭锁这样的快速功能
9	站控层内数据交换
10	变电站(设备)和远程控制中心间的控制数据交换
11	变电站之间数据交换,如对于联闭锁或其他机构间的二进制信号

2.3.2 "三层两网"式网络架构

当前环境下,智能变电站通信网络系统大部分通过 IEC 61850 标准定义的数据接口模型,采用"三层设备,两层网络"的结构:按照完成功能的差异性将设备装置划分为站控层设备、间隔层设备和过程层设备,按照层与层之间的设备互相进行通信将两层网络划分为站控层网络、过程层网络,现有的"三层两网"式智能变电站网络结构如图 2-4 所示。

在"三层两网"式智能变电站中,站控层设备与间隔层设备进行通信主要通过站控层网络来实现,利用抽象通信服务接口对 MMS 报文与 TCP/IP 协议栈进行映射,来完成数据信息的传输。站控层允许电网的自动调节与控制,可以实现设备之间的交互、智能决策。过程层设备主要包括智能组件等智能终端设备,过程层的出现替代了传统变电站的电缆,使得变电站网络更加简洁,也更加智能。过程层网络主要完成过程层设备与间隔层设备之间的通信,包括以 SV 报文为载体的 SV 子网、以 GOOSE 报文为载体的 GOOSE 子网和以时钟同步信息流为主的时钟同步子网。

对于 220kV 以上的高压智能变电站来说,为了减少网络的传输等待时间,通过星型网络结构进行组网,通过定义主交换机来实现主交换机与其他交换机的通信,随机的两个交换机之间需要传输数据信息时,通过主交换机进行调度和控制,以此来降低网络延时。然而该网络的冗余度不够,扩展性比较弱,一旦主交换机出现故障,整个网络将陷入瘫痪。为了保证网络的可靠性,现有的站控层网络采用 A、B 网结合的方式进行冗余网络设计,当 A 网出现故障后,直接切换到 B 网进行报文的传输。

根据上述分析,以国家电网有限公司的通用设计内同等规模变电站为例,远期 220kV 网段每间隔双重化配置两台 16 光口交换机,110kV 网段每间隔配置 1 台 8 光口交换机。110kV 电压等级通用设计"三层两网"方案如图 2-5 所示。220kV 电压等级通用设计"三层两网"方案如图 2-6 所示。

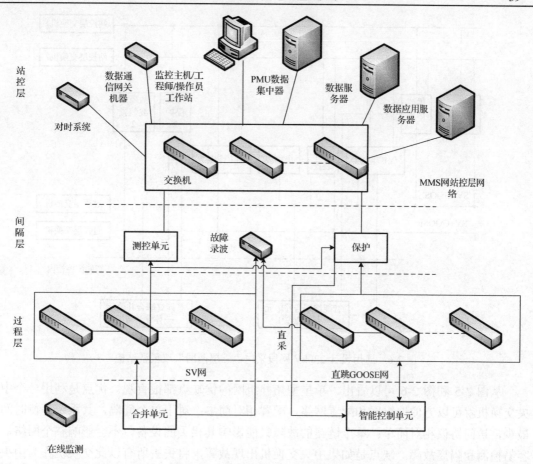

图 2-4 "三层两网"式网络结构

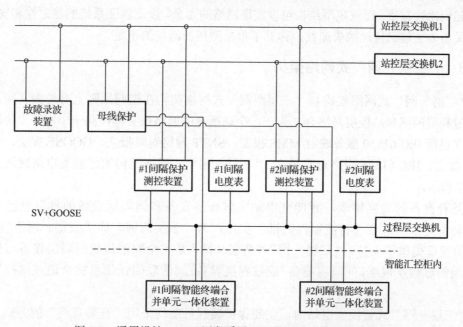

图 2-5 通用设计 110kV 网段采用"三层两网"单星型结构

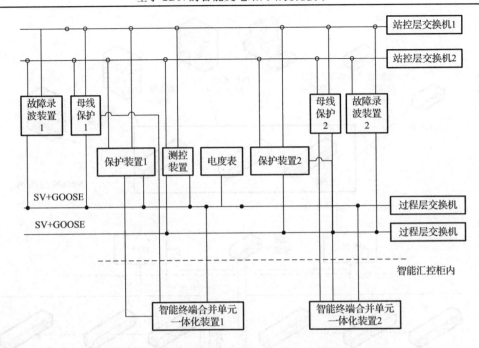

图 2-6　通用设计 220kV 网段采用"三层两网"双星型结构

从图 2-5 和图 2-6 可以看出，单星型拓扑组网的优缺点都很直观。优点是利用一个中央交换机就可以方便地组网和配置网络，配置相对简单；对于单个间隔，其系统等待时间最少，访问协议相对简单；单个链路的故障只能影响其相关的设备，不会影响整个网络，容易检测和隔离故障。缺点是如果中央交换机出现故障，将失去所有以此交换机作为中央节点的 IED 设备信息。这种组网方式对于中央交换机的可靠性和相关技术要求都较高，价格也相应比较昂贵。而双星型结构可以实现网络的冗余，以此保证系统的稳定性和安全性，同时又不失去信息传递的快速性，弥补了单星型拓扑结构的不足。

2.3.3 "三层一网"式网络架构

"三层一网"式网络架构与"三层两网"式网络架构在组网原则上有较大区别，整个站将过程层网络和站控层网络合二为一，全站所有的网络报文都在同一个网络上传输。网络报文包括 IEC 61850 服务映射 MMS 报文、SNTP 网络对时报文、GOOSE 报文、采样值（SV）报文、IEC 61588 网络对时报文。"三层一网"式网络架构的智能变电站网络架构如图 2-7 所示。

随着设备的高度集成，智能变电站中过程层设备和间隔层设备的界限也已不再明显，特别是未来五合一智能组件的推广实用，为"云层两网"向"云层一网""两层一网"的变革提供了支持。"三层一网""两层一网"是完全取消传统间隔层设备与过程层设备间的过程层网络，间隔层设备（或过程层设备）间的联闭锁信息完全通过站控层网络传输。

"三层一网"式智能变电站内，主要保护装置目前均采用"直采直跳"的方式，对新增的站点或保护功能则采用"网采网跳"方式。由于网络上信息传输量的短时不确定，运行维护人员无法准确判断系统运行的状况,需要交换机具备流量控制的功能。"三层一网"式智能变电站要求交换机具备更高的可靠性和先进性,具体要求如下。

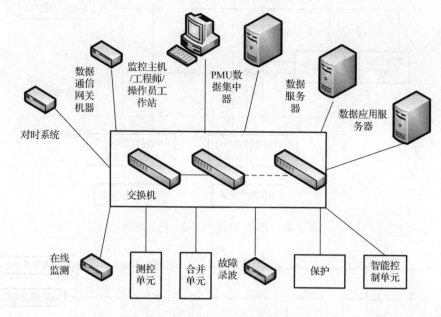

图 2-7 "三层一网"式网络结构

(1)流量控制功能。流量控制包括流量识别和处理控制两部分。首先,由于 GOOSE 和 SV 数据包都是 L2(2 层)以太网帧,交换机必须能够基于 L2(2 层)以太网帧头字段(如 Ethertype、VLAN Tag 字段)识别数据包,以便区分 GOOSE、SV 和 IEEE 1588 对时等不同流量;其次,可以针对不同种类的数据包实现对流量的限速,采用不同的优先级调度算法、分层的 Qos 服务质量保护机制(H-Qos)来保证在一定的限制速率下实现不同应用数据的不同优先级处理。

(2)可靠性保证。交换机的关键部件和模块(如电源和扩展模块)应支持冗余配置和热插拔,保证使用过程中故障部件的不间断更换;支持不同应用的隔离技术,可以在 L2 以太网和 L3IP 层面对不同应用进行逻辑隔离,以保证不同变电站应用系统的相对隔离和逻辑安全;支持基于网络的数据记录功能,支持远程端口镜像,方便通过网络集中实现所有数据包的记录,以便故障后分析;支持硬件实现 IEEE 1588 对时,支持小于 1μs 的时钟精度,支持 PtP 透明时钟。

(3)先进性保证。新一代智能变电站应支持智能电网的广域应用功能,支持站端与调度的高级应用互动等功能,支持站内一体化信息平台的建立。作为变电站网络的实现基础,交换机应具备相应的支持功能,以满足未来智能电网下大量智能设备的入网通信和信息采集。

以国家电网有限公司的通用设计内同等规模变电站为例,远期 220kV 网段每间隔双重化配置两台 16 光口交换机,110kV 网段每间隔配置 1 台 8 光口交换机。110kV 电压等级通用设计"三层一网"方案如图 2-8 所示。220kV 电压等级通用设计"三层一网"方案如图 2-9 所示。

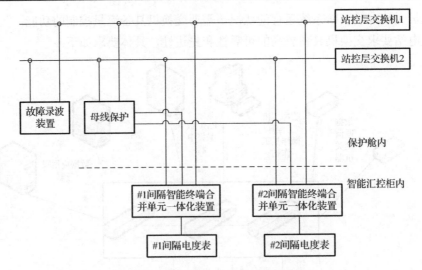

图 2-8 110kV 网段"三层一网"结构

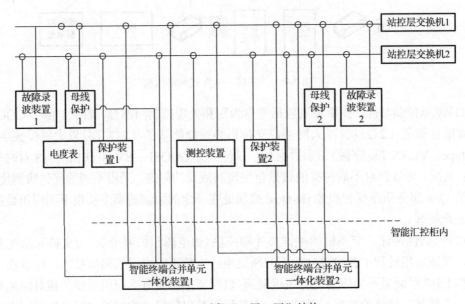

图 2-9 220kV 网段"三层一网"结构

2.3.4 网络通信协议栈

智能变电站网络通信采用的主要是 IEC 61850 系列标准,它的协议栈分为硬实时栈和软实时栈,硬实时栈支持采样值服务、GOOSE 及精密时间协议,软实时栈支持网络时间同步 SNTP、MMS 通信及 IEC 61850-8-1 提到的配套服务。这些协议依赖于 MAC 层所提供服务,支持 802.1Q 虚拟局域网和优先级、冗余及可能的数据安全。IEC 61850 协议栈如图 2-10 所示。

IEC 61850-8-1 和 IEC 61850-9-2 规定了三种通信方式。

(1) IEC 61850-8-1 定义了 MMS 通信,允许 MMS 客户端如 SCADA、OPC 服务器或网

关机来访问"纵向链接"的所有 IED 对象。这种通信方式可以在站控层总线和过程层总线上实施，即使有些过程层 IED 不支持 MMS。

（2）IEC 61850-8-1 还定义了 GOOSE 通信，允许 IED 在间隔层之间水平通信或过程层和间隔层间纵向通信，特别是对状态信号和跳闸信号，并常用于联闭锁操作。该通信协议常用在站控层总线和过程层总线中。

（3）IEC 61850-9-2 定义了 SV 通信，用于传输电压和电流采样值，该协议常用于过程层总线，但也可用在如母线保护和相量测量的站控层总线中。

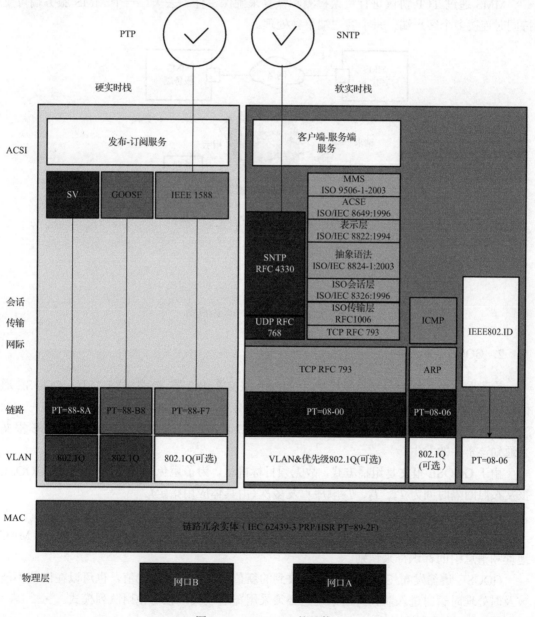

图 2-10 IEC 61850 协议栈

1. MMS 协议

MMS 协议是运行在网络层(第 3 层)的客户端-服务端(单播)模式协议,故需携带 IP 地址传输,并可跨越路由器。MMS 工作的一种模式是,MMS 客户端(通常是 SCADA 或网关)针对某个特定的数据项发送请求到由 IP 地址所标识 IED 的 MMS 服务端。服务端返回响应报文发送到客户端的 IP 地址;另一种模式是,服务端在事件产生时自动发送报告至订阅的客户端(图 2-11)。

MMS 通过 TCP 协议进行错误检测和恢复来确保事件不丢失。一个 MMS 服务端可支持同时连接多个客户端,每个客户端单独处理。

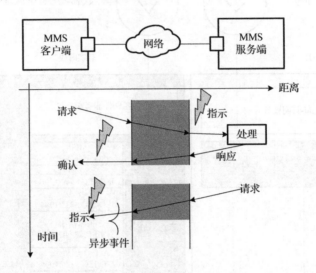

图 2-11 MMS 协议时间/距离图

2. GOOSE 协议

为了发挥以太网的组播功能优势,GOOSE 报文在第 2 层(链路层)上交互。GOOSE 通信由一个事件驱动的快速传输和一个慢循环传输组成,如图 2-12 和图 2-13 所示。

当一个预先配置的事件状态发生变化时,IED 应立即发送携带变量值的 GOOSE 报文来通知该事件的发生。

由于 GOOSE 报文是组播方式,故无须目标确认。为了避免瞬时错误,相同的 GOOSE 报文按照间隔时间为 T_1、T_2、T_3 顺序重发多次(由具体应用指定)。

GOOSE 报文以低的速率 T_0 重传的方式来监测 GOOSE 发送源与否在线。

由于 GOOSE 报文运行在链路层,不可脱离局域网也不能跨越路由器。通过源 MAC 地址和消息中的标识符来识别。

GOOSE 遵循发布/订阅的原则。接收到的新值可以直接覆盖老值,也可以在旧值不能被及时处理时暂时进入队列。但未规定必须采用覆盖模式,也可使用队列模式。

图 2-13 说明了相同的 GOOSE 协议。

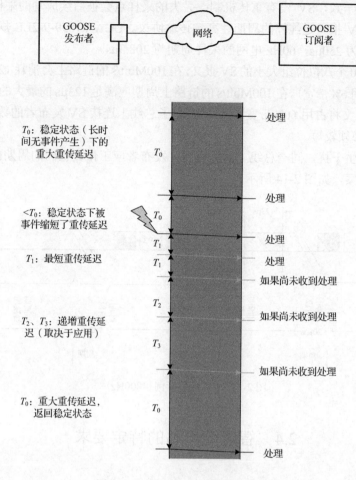

图 2-12 GOOSE 协议时间/距离图

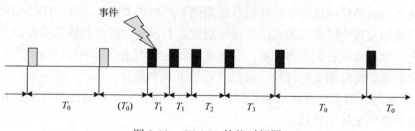

图 2-13 GOOSE 协议时间图

3. SV 协议

采样值协议(在 IEC 61850-9-2 中规定)主要用于传感器向 IED 传输模拟值(电流和电压)。同 GOOSE 一致,SV 协议仅使用第 2 层组播方式,通过 MAC 地址(也可能是 VLAN ID)和一个标识符(在报文主体中)来识别。

注:IEC 61850-9-2 也定义了单播 SV 传输方式,但使用较少。

同 GOOSE 一致，SV 没有重传机制：丢失的采样点会被后续成功的采样点覆盖。与 GOOSE 不同，SV 报文是纯粹的周期性高频传输协议。UCA 61859-9-2LE 规定工频 50Hz 电网的采样周期为 250μs，60Hz 电网的采样周期为 208.3μs。

使用典型 160 个八位位组大小的 SV 报文，在 100Mbit/s 的链路上会消耗 12μs（每秒 4800 条 SV 报文将占用 6%带宽）。在 100Mbit/s 的链路上周期应满足 123μs 的最大的 FTP 报文（每秒 4800 条 SV 报文将占用 60%带宽），这就限制了总线上连接 SV 发布者的数量约为 6 个。因此，SV 报文必须较短。

为了避免产生干扰，同一总线上的所有 SV 发布者应工作在相同的周期内，最好采用分时多路复用方案，如图 2-14 所示。

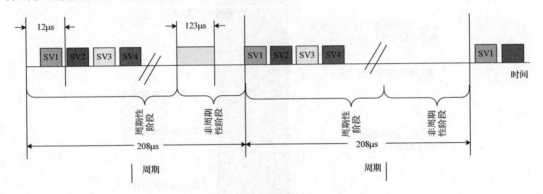

图 2-14　SV 通信示例（4800Hz）

2.4　智能变电站的特定要求

2.4.1　网络通信延迟要求

智能变电站对通信网络的实时性能有着明确和严格的要求。为此，IEC 61850 标准对通信报文的类别及传输时间要求做出了详尽规定。若没有及时收到通信数据报文，则失去了其实用性，延时要比丢失更为严重，尤其是不稳定延迟也会影响时钟同步。

为了保证通信网络的实时性能，必须监视如下三个指标。

（1）通信延迟。指实时数据从准备好传输，到数据完全被目的地接收到的时间差。这是所有可能关联的最坏的延迟。

（2）吞吐量。指任一关联，在负载条件最坏的情况下，单位时间内保持一定服务质量可传输的数据量。

（3）可靠性。指数据帧因拥塞而非物理故障导致丢失的可能性。事实上，物理故障可通过冗余解决，而过载可影响到两个冗余路径。

所需的传输时间取决于应用，最苛刻的保护应用仅有几个毫秒。例如，GB/T 15149.1—2002 要求 99.99 %的保护联跳策略命令需在 10ms 内完成交付。因此在设计 IEC 61850 通信网络时，不仅需对应用有所了解，还需了解各种网络元件的传输延迟指标。

1) IEC 61850-5 中的延迟要求

IEC 61850-5 对不同类型的报文提出了性能要求,并为每个类型的报文指定了基本要求,详见表 2-2 中说明。

表 2-2　IEC 61850-5 传输时间要求

传输时间等级	传输时间/ms	应用实例
TT0	>1000	文件、事件、日志内容
TT1	1000	事件、告警
TT2	500	操控命令
TT3	100	慢速自动交互
TT4	20	快速自动交互
TT5	10	释放、状态变化
TT6	3	跳闸、闭锁

2) 物理路径延迟

物理路径延迟是由电磁波以有限速度通过介质,如铜缆、光纤或无线所造成的,计算时需加上如表 2-3 所示的介质转换延迟。

表 2-3　IEEE 802.3 帧穿过物理介质的经过时间

介质	穿越链接的时间
CAT-5 和 CAT-6 铜缆	0.55μs/100m(5.5μs/km)
玻璃光缆(Corning 公司 smf28)	0.49 μs/100m(4.9μs/km)
空气(无线)	0.33 μs/100m(3.3μs/km)

3) 交换设备延迟

当一数据帧到达交换设备的入端口时,大部分交换设备都需将数据帧完全接收并检查其完整性(使用 FCS(CRC)字段)后才可转发。这项技术被称为"存储转发"。

存储转发交换设备延迟包括入端口和出端口所消耗的时间(取决于连接速度),内部处理延迟,特别是协议处理和排队延迟。不同数据帧长度和端口速度的延迟如表 2-4 所示,包含了内部延迟。

表 2-4　IEEE 802.3 帧的入端口或出端口的延迟

帧长度	100Mbit/s 帧的持续时间/μs	100Gbit/s 帧的持续时间/μs
64 八位位组(允许的最小值)	7	0.7
300 八位位组(如短 GOOSE 帧)	25	2.5
800 八位位组(如长 GOOSE 帧)	64	6.4
1530 八位位组(最大值)	124	12.4

当一帧数据到达忙于输出其他数据帧的交换设备出端口时,该数据帧必须在缓冲区中保留。所有的交换设备出端口都有队列缓冲区,一些交换设备有用于不同优先级帧的分离队列(通常支持 2、4 或 8 个优先级)。对于具有相同或更高的优先级的出端口缓队列的每一数据帧,等待数据帧的耗时如表 2-4 所示。

2.4.2 网络通信流量控制

1. VLAN

1) VLAN 的概念

VLAN（Virtual LAN）是为解决以太网的广播问题和安全性而提出的一种网络技术。IEEE802.1Q 标准定义了为以太网 MAC 帧添加的标签。VLAN 标签包括两部分：VLAN ID（12bit）和优先级（3bit）。IEEE 802.1Q 标准中定义了 VLAN 的 ID 字段。如果网络中有大量的广播数据，就会降低网络的传输效率。采用 VLAN 标签技术，在变电站内部交换式局域网的基础上，可构建可跨越不同网段的网络。

VLAN 的数据帧的 ID 标识符指明自己所属的逻辑组，把数据传输限制在其内部，可以使数据仅在需要的网段上进行传输，使带宽得到有效的利用。不同间隔间需要共享部分信息，因此将全站过程层交换机经过主干交换机进行星型模式级联，如图 2-15 所示。如果不对间隔层交换机流出数据进行流量控制，主干网交换机很容易流入流量超负荷的情况，使网络产生阻塞甚至瘫痪。

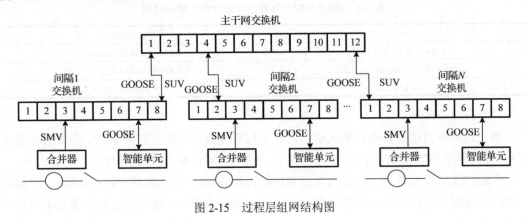

图 2-15 过程层组网结构图

2) VLAN 划分方法

VLAN 的划分可采用基于端口的 VLAN 与基于 MAC 地址的 VLAN。

(1) 基于端口的 VLAN。这种方式是把局域网交换机的某些端口的集合作为 VLAN 的成员。这些集合有时只在单个局域网交换机上，有时则跨越多台局域网交换机。虚拟局域网的管理应用程序根据交换机端口的标识 ID，将不同的端口分到对应的分组中，分配到一个 VLAN 的各个端口上的所有站点都在一个广播域中，它们相互之间可以通信，不同的 VLAN 站点之间进行通信需经过路由器来进行。这种 VLAN 方式的优点在于简单，容易实现，从一个端口发出的广播直接发送到 VLAN 内的其他端口，也便于直接监控。它的缺点是自动化程度低，灵活性不好。例如，不能在给定的端口上支持一个以上的 VLAN；一个网络站点从一个端口移动到另一个新的端口时，若如新端口与旧端口不属于同一个 VLAN，则用户必须对该节点重新进行网络地址配置。

(2) 基于 MAC 地址的 VLAN。这种方式的 VLAN 要求交换机对节点的 MAC 地址和交换机端口进行跟踪，在新节点接入网络时，根据需要将其划归至某一个 VLAN。无论该节点在网络中怎样移动，由于其 MAC 地址保持不变，因此不需要对网络地址重新配置。

2. GMRP 组播

GMRP 协议是一个动态二层组播注册协议，就是根据组播 MAC 地址在以太网交换机上注册和取消组播成员身份的。当然，如果以太网交换机没有实现 GMRP 协议，那么就只能通过静态配置来实现组播了。

根据装置的 GMRP 注册报文动态划分数据流向，注册报文流向全网，交换机定时查询所有运行装置，运行装置需要给出回答报文；需要配置装置订阅报文的 MAC 地址，体现在 SCD 模型文件中，储存在装置内部。

目的 MAC 地址用于区分报文，GMRP 和 VLAN 相比较：

(1) VLAN 已经广泛应用，GMRP 仍在试点。
(2) GMRP 使用的是报文 MAC 目的地址和端口。
(3) VLAN 使用的是报文 VID 和端口。
(4) 在交换机配置了 VLAN 的条件下，GMRP 报文在其对应的 VLAN 内传播。
(5) GMRP 对网络进行动态划分，VLAN 对网络进行静态划分。
(6) GMRP 相关配置仅在装置中，VLAN 配置在装置和交换机中均有。
(7) GMRP 在正常运行时需要发送查询报文，VLAN 在正常运行时无额外报文。
(8) GMRP 无须预先划分网络，VLAN 需要预先进行网络划分。

GMRP 是基于 GARP 的一个多播注册协议，用于维护交换机中的多播注册信息。这种信息交换机制确保了同一交换网络内所有支持 GMRP 的设备维护的多播信息的一致性，特别适合智能变电站中基于订阅/发布机制的 SV 采样值、GOOSE 信息传输。与 VLAN 相比，GMRP 不需要对交换机进行烦琐配置，仅需交换机支持 GMRP 功能，方便了变电站的改扩建，有效降低了运行维护的难度。总体上看，VLAN 的实现仅需在交换机上进行配置，不涉及设备本身的改进，实现相对容易，但是在网络结构变化或调整后，VlAN 必须重新划分，使用和维护工作量较大。而 GMRP 虽涉及设备和交换机，但是其实现方式更加灵活，能够灵活地满足工程建设和维护的需要。

2.4.3 网络可靠性要求

1. 可恢复性需求

智能变电站系统在故障时采取的手段取决于故障后果。一般情况下，电压等级和电力线路的重要性决定了对故障出现时的可靠性要求。

最常使用的可恢复要求是"$N-1$"规则，即在任何单一组件出现故障时完整的功能仍能够维持。对于通信网络而言，就是说即使出现单一组件故障也能维持网络的连通性，或者说网络通信不能中断。在进行智能变电站网络设计时，一般需要进行精细的分析来确定各系统容易出现故障的功能和可允许的中断时间及故障结果造成的损失。例如,任何单一对象的断开只可影响一个间隔。如果出现非预期功能,其后果往往会造成安全性事故。

通常情况下,站控层总线和过程层总线的冗余等级需求是不同的,这取决于应用通信丢失所造成的后果严重程度。

2. 恢复时间要求

智能变电站可容忍的通信中断时间是关键参数,取决于不会对设备造成任何后果的故障恢复时间。由于通信拥塞,能否及时地发送故障信息被视为一个性能(或安全性)问题。

IEC 61850-5 指出特定的站控层总线(更准确地说是 IEC 61850-8-1)和过程层总线(更准确地说是 IEC 61850-9-2)上的恢复时间要求不同。

在站控层总线上,需要的故障恢复时间很短,GOOSE 通信延迟不能超过一个临界阈值。在工程网络中,恢复时间的上限必须足够小以满足 IEC 61850-5 的要求。RSTP 是一种广泛使用的协议,可满足使用 IEC 62439-1:2010 指定限制条件的工程要求。PRP 和 HSR 协议提供无缝恢复机制,因此可用于应用要求苛刻的站控层总线。

在过程层总线中,允许中断时间必须足够短,使得 SV 的数据流量不受干扰。这就需要一个冗余方案来提供无缝切换。对于过程层总线,实现冗余不能基于故障转移时间,而是基于非故障转移时间的无缝冗余概念。PRP 和 HSR 都是可以满足该要求的冗余协议。

3. 可维护性要求

可维护是实现可靠性的一个先决条件。根据上述"N–1"规则,可靠性的计算由第一个故障设备尚未修理完成的同时,第二个设备再次出现故障的概率决定。因此,实施全面故障检测和维护策略可以最大限度地减少维修时间。

智能变电站的维护成本取决于应用的重要性和地理位置的限制。例如,远程站点或海上风电场的维护开销通常是在变电站待命的工作人员的 10 倍。对于这样的应用,一般推荐远程维护的网络设备,同时推荐设备的模块化设计,实现现场更换或热插拔功能。

2.5 本章小结

智能变电站通信网络存在的目的就是能够更方便和灵活地将各种智能设备连接在一起,共同实现对变电站设备及其馈线的监视、控制、保护,以及一些维护功能,它由过程层网络和站控层网络两部分组成,网络拓扑结构可以是星型也可以是环型,目前主要采用双星型的冗余配置方式。网络通信协议主要有 SV 协议、GOOSE 协议和 MMS 协议,其中 SV 协议用于过程层网络采样值数据传输,GOOSE 协议用于过程层状态量的数据传输,MMS 协议用于将信息送至站控层。三类报文均对通信网络的实时性和可靠性有明确和严格的要求。为满足通信网络的实时性要求,通常会采用配置 VLAN、GMRP 组播等的方法,以实现网络可控、可恢复和可维护。在具体的工程实施中,需选择合适的网络拓扑结构和配置。

第 3 章 基于 SDN 的智能变电站通信网络架构

3.1 SDN 的体系结构

从信息通信的承载与订购的角度出发,通信网络可视为由两类要素构成的系统,即端用户设备和网络基础设施。计算机主机是最常见的端用户设备,它们通过网络基础设施互连在一起,共享基础设施所提供的交换设备和通信链路。交换机和路由器是最典型的传统网络交换设备,一般由特定生产商制造,具有固化和封闭的功能特性。换言之,一旦部署,这些固化封闭的交换机和路由器很难随技术发展而灵活演进。例如,一个采用 IPv4 协议架构的网络,若升级演进到 IPv6,需要应对各种复杂的功能迁移和互联互通处理。而在一个固定封闭的网络之上部署全新的网络协议和业务,更是一个难上再难的任务。在互联网中,这种现象被统称为网络僵化问题。

造成网络僵化的关键因素是,传统交换机和路由器将数据流的转发控制,固定在设备的板卡之中。从网络的系统角度观察,传统网络的数据平面与控制平面功能,以紧耦合的方式分布在不同的网络设备之中,如图 3-1 所示。

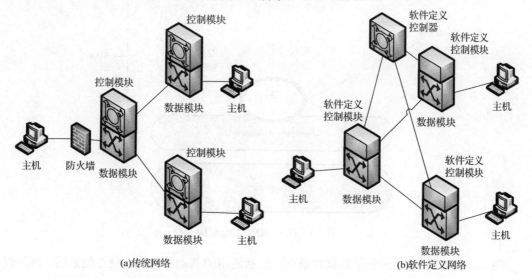

图 3-1 传统网络与软件定义网络的控制功能对比

图 3-1(a) 中,网络节点的数据模块和控制模块,以固定方式集成于同一设备之内。如需引入"防火墙"之类的额外能力,通常要部署单独的中间"盒子"。图 3-1(b) 中,其网络节点设备提供可配置的控制模块,由集中式的软件定义控制器按需部署控制功能,包括"防火墙"这种网络节点原先不具备的处理能力。因此,软件定义网络的控制功能与数据转发功能,在逻辑上是相互分离的。

由 SDN 控制器施加的控制功能,不仅包括"防火墙"、入侵检测、网络地址转换、网络缓存甚至内容发布网络(CDN)的功能,还可包括那些处于实验阶段的新型的、未完全稳定的功能与协议,为网络创新提供了灵活的基础环境。

当然,SDN 的网络节点设备对于事先未确定的数据流,其转发处理需要与控制器交互,以便建立数据流的转发表(简称流表)。相比于传统网络,SDN 网络节点与 SDN 控制器的交互,以及 SDN 网络节点内的流表,自然成为 SDN 体系结构的核心内容。

OpenFlow、ForCES 和 NFV 分别从三个不同的角度描绘了 SDN 的功能体系结构,其中 OpenFlow 的成熟度较高,但后两者分别得到 IETF 和 ETSI 的支持,也具有较为重要的影响力。

1. OpenFlow 体系结构

最经典的 SDN 架构描述是来自 ONF 的 OpenFlow 体系架构图,如图 3-2 所示。

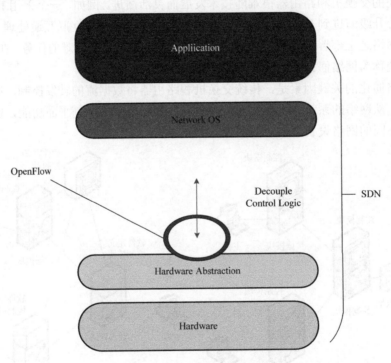

图 3-2 ONF SDN 主流架构

图 3-2 表达了 SDN 的分层解耦合概念,包括通用的基础硬件层、硬件抽象层、网络操作系统和上层应用。其中,基础硬件与硬件抽象两层组成物理网络设备,也就是 SDN 架构中的数据转发平面;网络操作系统与上层应用组成了控制平面。数据转发平面与控制平面之间以一种标准化的交互协议来解耦合,此协议当前为 OpenFlow。这种去耦合的架构,表明网络操作系统及网络应用(如路由控制协议等)不必运行在物理设备上,而可以运行在外部系统(如 X86 架构的服务器)内,从而实现网络控制的灵活可编程性。

除了解耦合控制平面与数据转发平面,SDN 还引入了集中控制的概念,如图 3-3 所示。

第 3 章 基于 SDN 的智能变电站通信网络架构

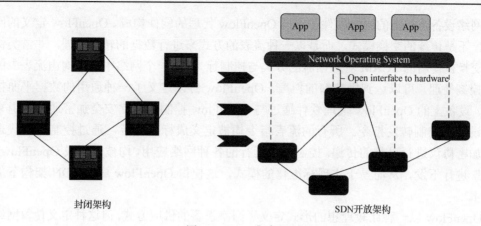

图 3-3 SDN 集中控制

对于传统的设备，由于网络本身相对封闭，只能通过标准的互通协议与计算设备配合运行。网络中所有设备的自身系统都是相对孤立和分散的，网络控制分布在所有设备中，网络变得更复杂、工作量更大，并且因为设备异构，管理上兼容性很差，不同设备的功能与配置差异极大；同时网络功能的修改或演进，会涉及全网的升级与更新。而在 SDN 的开放架构下，一定范围内的网络，由集中统一的控制逻辑单元来实施管理，由此解决了网络中大量设备分散独立运行管理的问题，使得网络的设计、部署、运维、管理在一个控制点完成，而底层网络差异性也因为解耦合的架构得到了消除。集中控制在网络中引入了 SDN 区别于传统网络架构的角色，也就是 SDN 控制器，即 SDN 网络操作系统并控制所有网络节点的控制单元。SDN 能够提供网络应用的接口，在此基础上按照业务需求进行软件设计与编程，并且是在 SDN 控制器上加载，从而使得全网迅速升级新的网络功能，而不必再对每个网元节点进行独立操作。

分层解耦架构中采用了 OpenFlow 协议来分离网络的控制与转发层，图 3-4 所示为斯坦福大学的 OpenFlow 解耦模型。

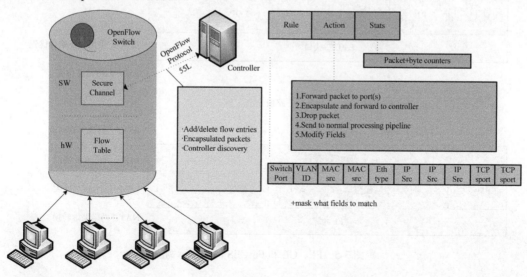

图 3-4 斯坦福大学的 OpenFlow 解耦模型

网络设备由标准的网络硬件和支持 OpenFlow 代理的软件构成。OpenFlow 定义的网络硬件,不是传统的交换模式,而是以一种流表的方式来进行数据的转发处理,非常类似于当前交换机使用的 TCAM 对数据流的分类与控制行为,每一个网络中的流均由流表中的规则来控制处理,可以达到极精细的粒度。OpenFlow 协议定义了一种通用的数据平面描述语言,设备上的 OpenFlow 代理软件通过与 OpenFlow 控制器建立安全加密通信隧道来接收对设备的控制转发指令。所有的流表指令均被定义成标准规范,通过控制器与代理之间的加密协议进行可靠的传递。控制器上运行的各种网络应用,均被转换成 OpenFlow"指令集"进行下发,从而易于实现标准化的模式,这使得 OpenFlow 成为 SDN 架构下的重要技术。

OpenFlow 以一种比较理想的形式定义了网络设备的供应方式,但这种定义使得网络不是一个平滑升级和演进,而是一个颠覆性的更新,这种颠覆式的更新使得现有网络设备可能被完全替换。同时,OpenFlow 设备是一种流表转发,也需要新的体系架构来设计网络芯片,虽然现有 TCAM 技术能适应 OpenFlow 的特性,但是功能不完备,且大 TCAM 表项设备极其昂贵。因此,当前的 OpenFlow 设备,基本是在传统网络基础上支持 OpenFlow 协议,规格受限的初期产品。

2. ForCES 体系结构

IETF 制定的转发与控制部件分离(Forwarding and Control Element Separation,ForCES)网络体系结构,定义了两个功能实体,即转发件(FE)和控制件(CE)。CE 与 FE 构成主从关系,可以驻留在同一物理节点之内。CE 通过 ForCES 协议控制 FE 之内的逻辑功能块(LFB),以便改变 FE 的配置,达到控制数据流转发的目的。图 3-5 给出了一种 FE、CE 和 ForCES 的相互关系结构。

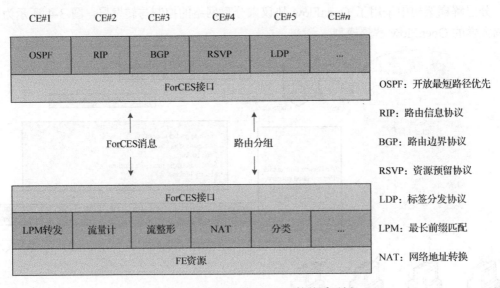

图 3-5　FE、CE 和 ForCES 的关系示例

从图 3-5 可以看出,ForCES 将影响路由转发表的控制功能,从完成流量转发的通信功

能中分离出来，保留了原有的路由协议数据的传送通道，新增了用于 FE 控制的消息通道。传统的 OSPF、RIP 等路由协议处理模块抽象为 CE，传统按最长前缀匹配的转发处理等功能则抽象为 LFB，而 FE 资源对应于网络中完成数据转发的交换结构或背板。

图 3-6 为 ForCES 体系结构的逻辑部件及相互关系，涉及 7 类参考点，分别如下。

(1) Fp：CE-FE 接口。

(2) Fi：FE-FE 接口。

(3) Fr：CE-CE 接口。

(4) Fc：CE 管理器与 CE 的接口。

(5) Ff：FE 管理器与 FE 的接口。

(6) Fl：CE 管理器与 FE 管理器的接口。

(7) Fi/f：FE 外部接口。

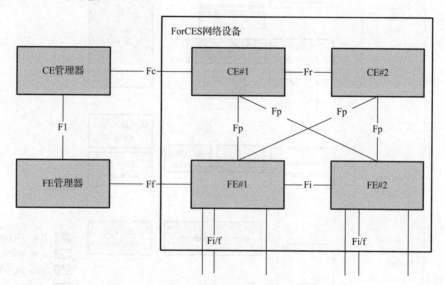

图 3-6 ForCES 的功能模块及接口参考点

3. NFV 体系结构

在 ETSI 组织之下，研究人员针对业务开放需求，参考 OpenFlow 可编程网络和计算机虚拟化等技术，制定了网络功能虚拟化（Network Function Virtualization，NFV）框架，为网络功能和业务运营提供技术创新的基础环境。

NFV 把分散、固定的网络功能，以一种分层结构进行了重新组织，如图 3-7 所示。传统网络体系中，这些网络功能是由专门网络设备提供的。例如，IP 网络视频服务，针对热点节目的重复访问，通常要引入内容缓存和推送设备，叠加在已有的互联网中，形成逻辑上相对独立的 CDN。相同的情况也存在于 DPI、防火墙、NAT 等系统中。

图 3-7 中，按等级关系，NFV 包括三层，从底向上依次为：基础设施域（Infrastructure Domain）、业务域（Sevice Domain）和抽象网络功能域（Abstract Network Funtion Domain）。按逻辑模型进一步细分，NFV 包含网络资源（圆柱体表示）、计算与存储资源（立方体表示）、虚拟化抽象、虚拟网络功能、功能性抽象和抽象网络功能。这些逻辑型可应到具体的网络

功能，包括右边用框形表示的实体。例如，计算机和存储器归类为计算与存储资源，Hypervisor 归类为虚拟化抽象逻辑，也是 NFV 基础设施的组成元素。作为虚拟化技术的具体体现，虚拟机是虚拟网络的组成单元，同样被视为 NFV 基础设施。在虚拟机之上的虚拟网络功能，可进一步通过嵌套或 C/S 模式构成更为复杂的组织结构。

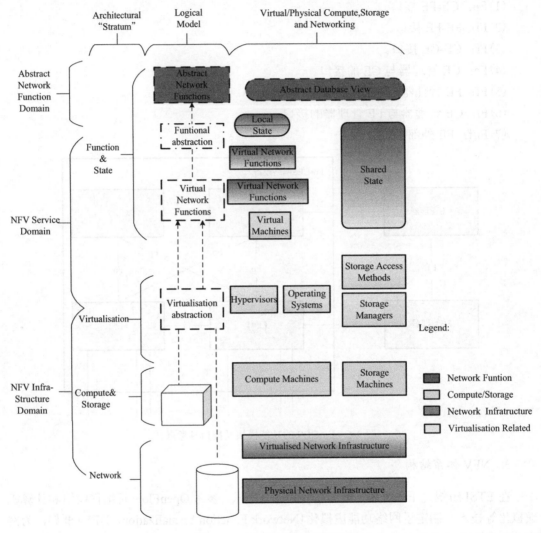

图 3-7 NFV 的功能组织结构

3.2 SDN 的功能分层结构

3.2.1 分层原则及接口

结构分层组织的方法，广泛用于描述通信网络的体系结构，如用于描述通信协议功能的 ISO OSI-RM 等。相对于具体的通信应用，OSI-RM 作为一个整体，通过标准化的访问接口，提供了一个透明的网络通信服务。宏观上，传统的网络结构分为两层，即网络基础设备层和应用层。出于灵活性考虑，SDN 将那些需要在系统层面合作完成的网络控制，抽取出来，形成一个开放接口，暴露给网络应用的开发者或网络的管理人员，进而构造出如图 3-8 所示的三层结构。

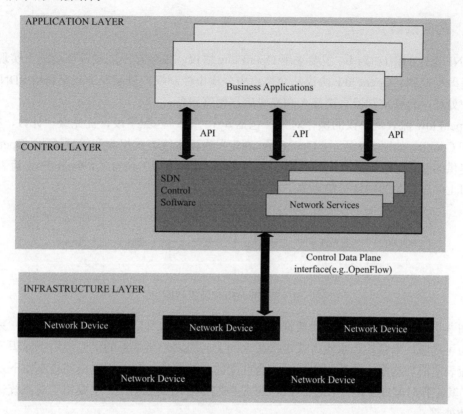

图 3-8　SDN 的分层结构

图 3-8 中，SDN 的三层结构，从底向上依次为：基础设施层、控制层和应用层。这里的应用层，由完成应用逻辑或事务的应用系统组成，不是指 OSI-RM 的应用层协议。与 OSI-RM 相对应，SDN 的应用层，更接近于 OSI 应用层协议之上的应用程序或计算机操作系统之外的应用软件。

SDN 的网络基础设施，由分散的网络设备组成，这些设备包括固定的硬件和固化的软件，提供通用数据流承载服务。与传统通信网络(特别是互联网)不同的是，其中与数据流转发相关的控制软件，具有可重载、重配置、自定义的特点。网络基础设施通过开放的网络接口，如 OpenFlow 协议，为物理上独立的、由控制软件构成的控制层提供在线式的重构服务。

SDN 的事务应用，不再直接访问网络基础设施，而是通过控制层的多样化网络业务单元，按需自主建立、修改和优化数据流承载服务。相比于传统网络结构，不同的事务应用可部署不同的数据流转发表、寻址方式，甚至完全不同于独立运行的协议栈。

从图 3-8 可以看出，SDN 控制层是 SDN 的中心。根据图示位置，习惯上把 SDN 控制层与应用层的 API 接口称为北向接口，把网络基础设施与控制层之间的接口称为南向接口，把控制层实体之间的接口称为东西向接口。南向接口大多以 OpenFlow 协议为主要候选规范，ONF 正在制定北向接口，一些先行研究单位(包括思科、华为)则把东西向接口定名为 SDNi。

3.2.2 南向接口

ONF 确定的南向接口，主要采用 OpenFlow 协议，以便在不同硬件环境之上实现对网络设备编程控制。OpenFlow 协议从交换机中分离出控制权，以流表形式交付给 SDN 控制层集中处理，允许控制器直接接入和操纵底层网络设备。

OpenFlow 流表是协议的操作对象，包括 6 个字段：匹配字段、优先级、计数、指令、超时和 Cookie，如图 3-9 所示。OpenFlow 规定采用流水线方式组织和管理流表。OpenFlow 协议提供的基本原语，所操纵的对象主要为 OpenFlow 流表。换言之，OpenFlow 流表是南向接口上经过抽象的硬件可控对象。

图 3-9　OpenFlow 流表结构

图 3-9 中，匹配字段用于对数据分组的匹配，包括入端口、分组头和元数据，其中元数据为可选项，来自按流水线方式串接起来的上一流表。图 3-9 的优先级用于标识一条记录在流表中前后次序，计数用于记录符合匹配的分数总数，超时用以指明控制器下发的流规则，其生存时间或空闲时长。而 Cookie 是控制器专用的数据区，主要用于对流统计数据的过滤处理。

OpenFlow 流表的指令字段，用于分组的改动、动作执行的修改或者流水线上的流表串接。ONF 规范的指令包括：计数器计数、启用预定动作、清除动作、写入新动作、写入元数和跳转其他流表。图 3-10 给出了一个简化的流表示例，其中指令字段为启用所列动作。

图 3-10 的流表包含了匹配字段(6 列)、动作内容和计数。流表中用*号表示通配。所以，该图的流表第一行表示，MAC 地址首二字节为 10：20 的分组，将从端口 1 发送；流表第二行表示，IP 目标地址为 5.6.7.8 的分组，将从端口 2 发送；流表第三行表示，TCP 端口号为 25 的分组，将被丢弃；而流表第五行表示，其他分组将发送给控制器。

需要强调的是，以上流表结构并不表示 OpenFlow 交换机的实现方式。实际上，不同的生产厂家可以采用独立和高效的技术实现手段，但需要采用一致的抽象表示，以便控制器完成跨越硬件平台的操控与管理。

显然，OpenFlow 所采用的基于流的控制方式，根据预先制定或动态生成的规则来区分流量的转发处理。现有网络结构中，添加对 OpenFlow 支持的交换机，便可以广泛部署基于 OpenFlow 的 SDN 网络体系结构。与之前多样化的设备厂商不同，SDN 能够方便控制各种厂商支持 OpenFlow 的设备。此外，基于 OpenFlow 的 SDN 提供灵活的网络自动化和管理框架，减少各种手工操作的繁杂和失误，也提供各种应用上的灵活。另外，通过对底层网络设备的抽象，SDN 用户可以容易地实现自己的新服务，快速交付使用。

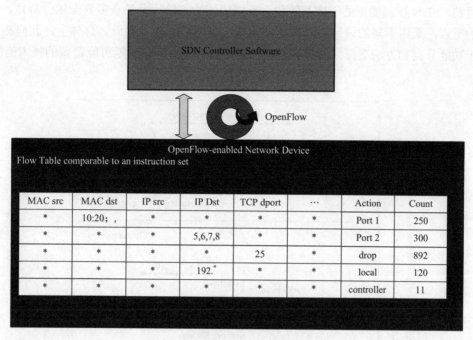

图 3-10 OpenFlow 流表的简化示例

3.2.3 北向接口

SDN 北向接口是通过控制器向上层业务应用开放的接口，其目标是使得业务应用能够便利地调用底层的网络资源和能力。通过北向接口，网络业务的开发者能以软件编程的形式调用各种网络资源；同时上层的网络资源管理系统可以通过控制器的北向接口全局把控整个网络的资源状态，并对资源进行统一调度。因为北向接口是直接为业务应用服务的，因此其设计需要密切联系业务应用需求，具有多样化的特征。同时，北向接口的设计是否合理、便捷，以便能被业务应用广泛调用，会直接影响到 SDN 控制器厂商的市场前景。

与南向接口不同，北向接口方面还缺少业界公认的标准，因此，北向接口的协议制定成为当前 SDN 领域竞争的焦点，不同的参与者或者从用户角度出发，或者从运营角度出发，或者从产品能力角度出发提出了很多方案。据悉，目前至少有 20 种控制器，每种控制器会对外提供北向接口用于上层应用开发和资源编排。虽然北向接口标准当前还很难达成共识，但是充分的开放性、便捷性、灵活性将是衡量接口优劣的重要标准，如 REST API 就是上层业务应用的开发者比较喜欢的接口形式。部分传统的网络设备厂商在其现有设备上提供了编程接口供业务应用直接调用，也可被视作是北向接口之一，总而言之，其目的是在不改变其现有设备架构的条件下提升配置管理灵活性，应对开放协议的竞争。

OpenFlow 为 SDN 控制器提供了统一可编程的网络设备控制能力，SDN 控制器极有可能因不同厂家采取不同的技术实现方式，对 SDN 应用层产生新的约束，从而阻碍充分发挥控制与承载相分离的优势。通过对北向接口的规范化，可以为端用户、应用和网络功能编排系统提供一个不依赖于单一控制器 API 的平台接口。

目前，SDN 控制器正处于成长阶段，不同领域的主导厂家和众多开源软件群体，根据各自的重点，采用不同的设计方法和软件结构，制定应用开发接口。总体上，北向接口更侧重于功能分类和方法选择。图 3-11 为 ONF 提出的北向接口功能可能覆盖的技术范围。

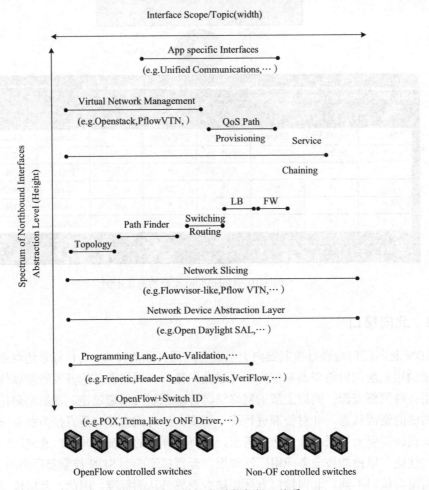

图 3-11　SDN 北向接口的功能与相互关系

图 3-11 涉及各种当前最为活跃的应用，分述如下。

1）Unified Communications

Unified Communications 为统一通信，它是一种把计算机技术与传统通信技术相结合的新通信模式，包括文本会话、IP 电话、视频及网真、手机短信、Web 网络会议、文档/应用程序共享、电子白板、邮件等通信方式。统一通信可在一个智能解决方案中集成语音、数据、视频、安全和移动特性，使人们只要通过最常使用的通信工具和应用，就能够在任何时间、地点，通过任何设备、任何网络，获得数据、图像和声音的自由通信，实现"以人为本"的应用层面的融合与协同，具有出色的协作水平、客户响应速度、移动能力和安全性。

2) OpenStack

OpenStack 是 2010 年成立的关于云平台管理的项目。它以 Python 编程语言编写，整合 Tornado 网页服务器、Nebula 运算平台，使用 Twisted 软件框架，提供了一个部署云的操作平台或工具集，并为虚拟计算或存储服务的公有/私有云提供可扩展的、灵活的云计算，是一个开放源代码、开放设计、开放开发的虚拟化管理工具。主要包括 Nova 运算项目、Swift 面向对象数据存储项目、Glance 虚拟机器磁盘映像档传送服务。

3) QoS Path Provisioning

QoS Path Provisioning 是为了保障系统的 QoS。IETF 制定了三种模型：基于资源预留的集成服务模型、基于优先权机制的区分服务模型、从流量工程角度提出的多协议标记交换(MPLS)，并按照不同的路由选择协议(如 OSPF、RIP 等进行选路)，来减少网络拥塞，优化吞吐率等。

4) Service Chaining

Service Chaining 为服务链，是以信息技术、物流技术、系统工程等现代科学技术为基础，以满足顾客需求最大化为目标，把服务有关的各个方面按照一定的方式有机组织起来，形成完整的消费服务网络。它具有主动性、完整性、前瞻性、社会性和对称性，且企业对消费者的服务可以分成前期服务、中期服务与后期服务三个阶段。

5) FW

FW 为防火墙，它是一个位于计算机和它所连接的网络之间的软件或硬件，主要由服务访问规则、验证工具、包过滤和应用网关 4 个部分组成。它会依照特定的规则，控制在计算机网络中，不同信任程度区域间传送的数据流，只允许"同意"的人和数据进入网络。除此之外，防火墙能有效地记录 Internet 上的活动，强化安全策略，支持具有 Internet 服务特性的企业内部网络技术体系 VPN，是目前一种最重要的网络防护设备。

6) LBS

LBS 为基于位置的服务，就是借助互联网或无线网络，在固定用户或移动用户之间，完成定位和服务两大功能。它是通过电信移动运营商的无线电通信网络(如 GSM 网、CDMA 网)或外部定位方式(如 GPS)获取移动终端用户的位置信息，在 GIS 平台的支持下，为用户提供相应服务的一种增值业务。移动终端通过移动通信网络发出请求，经过网关传递给 LBS 服务平台；服务平台根据用户请求和用户当前位置进行处理，并将结果通过网关返回给用户。

7) Switching/Routing

Switching/Routing(交换/路由)，用来实现用户信息端到端的传递。交换技术根据 MAC 地址进行转发，并将这些 MAC 地址与对应的端口，记录在自己内部的一个 MAC 地址表中，主要工作在数据链路层；路由技术则是根据各种路由选择算法，利用不同网络的 IP 地址来确定转发地址，用于多个网络或网段之间，主要工作在网络层。

8) Topology

Topology 为网络拓扑，它把网络中的计算机和通信设备抽象为一个点，把传输介质抽象为一条线,由点和线组成的几何图形。它能从逻辑上表示出网络服务器、工作站的网络配置和互相之间的连接,是建设计算机网络的第一步和实现各种网络协议的基础,对网络的性能、系统的可靠性与通信费用都有重大影响。网络最主要的拓扑结构有总线型拓扑、环型拓扑、树型拓扑、星型拓扑、混合型拓扑以及网状拓扑。

9) Flowvisor-like

Flowvisor-like 是与 Flowvisor 相似的应用,它们是建立在 OpenFlow 之上的网络虚拟化平台,它位于一组交换机和软件定义网络或多个网络之间,能够抽象底层网络的物理拓扑,在逻辑上对网络资源进行分片或者整合,从而满足各种应用对于网络的不同需求,管理带宽、CPU 利用率和流量表,实现开放软件定义网络。Flowvisor 安装在商品硬件上,是一个特殊的 OpenFlow 控制器,使用标准 OpenFlow 指令集来管理 OpenFlow 交换机。Flowvisor 网络的基本要素是网络切片,网络切片是由一组文本配置文件来定义的,文本配置文件中包含控制各种网络活动的规则。

10) Frenetic

Frenetic 是 SDN 中一种用来详细规定数据平面包处理过程中包功能的通用编程语言。它具有高度的抽象性以便于程序员能通过网络直接控制并规定网络活动,此外还有模块化结构和便携性。

11) POX

POX 是使用 Python 语言开发的基于 OpenFlow 的一种控制器,它支持 GUI、网络虚拟化、程序模块化、控制器设计和 SDN debugging,能将交换机送上来的协议包交给指定软件模块。

12) Trema

Trema 是一款 Ruby/C 语言编写的全栈式 OpenFlow 框架。它为 OpenFlow 开发人员提供了一个软件平台,是一个具有开放社区的自由软件,简单易用,包含一个具有集成工具链的开发环境。它是经得起检验的:自动和定期测试所有支持的操作系统;建立测试,单元测试,验收测试,测试的代码覆盖率测量等。它还具有项目团队持续的开发维护、bug 修复和用户支持。

13) VeriFlow

VeriFlow 是介于软件定义网络的控制层和网络设备层之间的一层。由于转发规则是可插入可修改可删除的,它能动态地检测全网的时不变干扰。VeriFlow 还支持基于多个头字段的分析和检验自定义不变量的 API。

3.2.4 东西向接口

SDN 的东西向接口,主要用于解决控制平面的扩展性问题,也是控制层设备或实体之间的协同问题。当具有独立权属的局部 SDN 相互连接,构成一个规模较大 SDN 网络时,各个局部 SDN 形成 SDN 域,如图 3-12 所示。

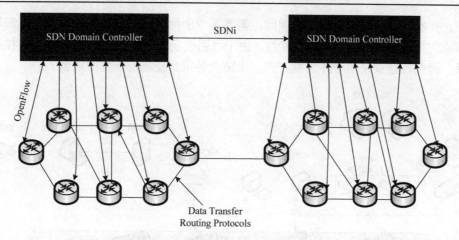

图 3-12 SDN 域与东西向接口的关系

一般情况下，不同 SDN 域极可能采用不同技术实现路线，各自定义只在域内有效的设备信息获取、内部聚合和向外报告的策略。来自北向接口的应用需求，在跨越多个 SDN 域时，不可避免地要求控制器具有跨域互联。

SDN 控制层的横向分域与互联，在同一网络运营方中，也可用于控制器的任务分担和故障保护等。

由 IETF 制定的 ALTO（Application-layer Traffic Optimization）被视为 SDN 东西向接口的候选技术之一。ALTO 由服务器、客户机以及互通协议组成，服务器收集承载网络的拓扑信息。客户机通过 ALTO 协议向服务器请求网络拓扑信息，再进行必要的筛选后提供给应用层服。SDNi 可以利用 ALTO 相互交换 SDN 域的控制与应用消息，包括三类：

(1) 可达性更新消息。
(2) 应用流的建立、撤除和更新请求。
(3) 能力更新消息。

除第一类可达性更新消息外，后两类消息包含 QoS、带宽、延时等能力参数。

3.3 基于 SDN 的"三层两网"式网络架构

3.3.1 面向站控层网络的 SDN"强控制"架构

"强控制"模式指设备的全部转发平面由 SDN 控制器下发完成，SDN 控制器通过 OpenFlow、Netconf 等控制转发策略，网络设备只基于控制器下发的网络策略进行转发，"强控制"模式也是最为经典的 SDN 控制方式。

站控层网络相比过程层网络对时延的敏感程度相对较弱，对灵活调度及网络监控能力的需求较强，因此，适合采用"强控制"模式搭建 SDN 架构。

面向站控层网络的 SDN"强控制"架构如图 3-13 所示。

"强控制"架构由 SDN 交换机代替原有的站控层交换机，同时需要部署 SDN 控制器，SDN 控制器的北向可以开放接口供监控后台等进行调用，以增强全局监控能力。"强控制"

架构下，控制器拥有绝对的权力，因此，需要不少于两台控制器，并以热备方式部署，以避免单点失效问题，增强网络的可靠性。由于"强控制"架构下，SDN 交换机与控制器交互频繁，因此，建议采用带外控制方式，保障业务策略及流量下发的通畅。

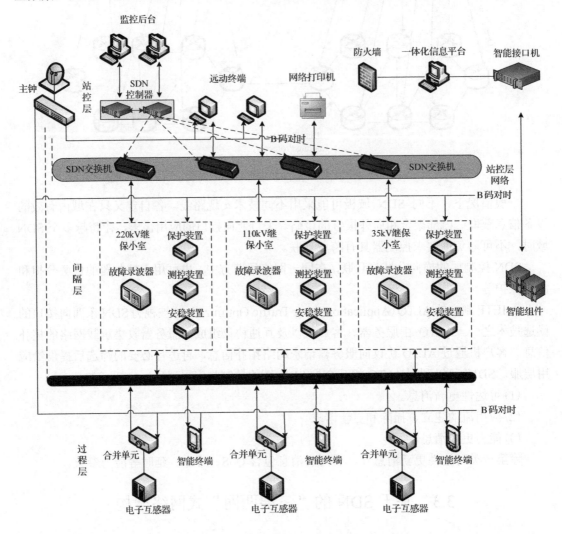

图 3-13 面向站控层网络的 SDN"强控制"架构

"强控制"架构的优点在于，网络控制层面统一由控制器纳管，对网络设备转发行为的控制力度更高，具备更强的业务流量编排能力和集中控制能力；而它的缺点在于网络设备需定期与控制器通信，如控制器发生故障，网络设备上的流表信息超时后，将可能影响业务转发。

在此种网络中网络的性能主要取决于交换机的转发性能及控制器配置流表的速度，通常在控制器不参与的情况下交换机可以做到线速转发，当需要下发新的流表时，会涉及交换机与控制器 Pack_in、Pack_Out 的两次通信转发时间，如果网络中业务变化过于频繁，交换机要频繁卸载旧流表加载新流表会产生一定延迟。

3.3.2 面向过程层网络的 SDN"弱控制"架构

"弱控制"模式是指设备保留一部分控制平面，SDN 控制器只根据业务需求下发路由策略，不下发流表信息。设备根据自身转发表完成业务流量转发。

过程层网络对时延较为敏感，拥有较高的可靠性需求，同时，网络数据流的流向与流量固定，适合采用"弱控制"模式搭建 SDN 架构。

面向过程层网络的"弱控制"架构，如图 3-14 所示。

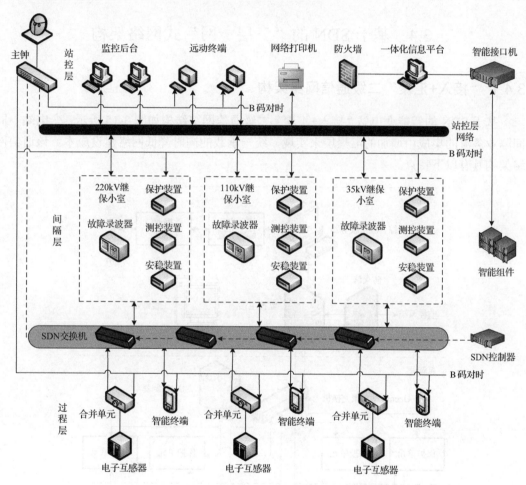

图 3-14 面向过程层网络的 SDN"弱控制"架构

"弱控制"架构由 SDN 交换机替代传统以太网交换机，SDN 控制器可以部署也可以不部署。当部署控制器时，控制器可自动下发配置，并作为网管进行使用，仅当过程层网络出现异常，SDN 交换机无法匹配报文时，会上送该报文至控制器，并通过控制器计算出的新的转发策略处理该报文，此过程会产生一定的时延；如果不部署控制器，则 SDN 交换机的部署模式与传统二层以太网交换机的部署模式完全相同，所有策略由静态流表进行配置，进入 SDN 交换机的报文将严格按照已配置的静态流表进行转发，当网络出现异常，SDN

交换机无法匹配报文时,将直接丢弃该报文。

"弱控制"模式的优点在于,控制器只负责业务策略下发,并不下发流表。当 SDN 控制器出现故障后,网络设备通过自身表项与控制器前期下发的策略指导转发,对现有业务转发不构成任何影响,可提供较高的网络可靠性。采用业务策略下发的形式控制交换机转发层面,交换机不必与控制器交互流表信息,减少了传输流表信息、卸载流表及加载流表的网络延迟;而它的缺点在于,由于采用策略下发的模式对网络设备进行控制,对网络业务流量转发的控制能力没有采用流表的方式灵活。

3.4 基于 SDN 的"三层一网"式网络架构

3.4.1 "接入+汇聚"二级通信网络架构

基于 SDN 的智能变电站"接入+汇聚"二级通信网络结构如图 3-15 所示,变电站不同间隔业务流的集成由增加的汇聚层来实现,统一承载的同时降低网络建设成本。该通信网络架构具有以下特点。

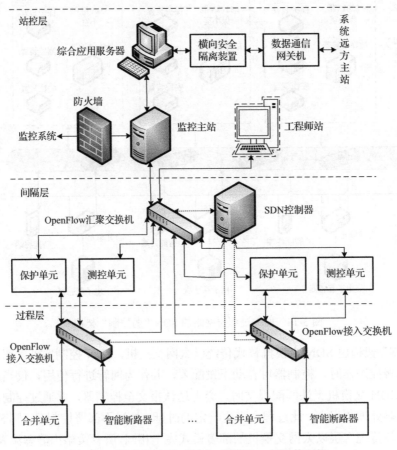

图 3-15 基于 SDN 的"接入+汇聚"二级通信网络

(1) 合并了站控层网络和过程层网络，站控层设备与过程层智能设备之间可直接通信，全站数据可以得到更好的共享，从而有助于提高变电站自动化总体水平。

(2) 可同时承载其他通信业务流（如远程图像监控系统、安全与消防系统、视频监控系统等），构成承载全站综合业务的通信网络结构，可促进实现变电站通信网络的平台化。

(3) 网络被集中管理，网络可被实时动态监控，业务扩展性提高，从网络应用层面对网络管理和流量管理进行优化。

在"接入+汇聚"二级通信网络中，网络流量的管理和控制功能是通过 SDN 控制器和 OpenFlow 交换机来实现的，包括汇聚层和接入层的流量和识别、认证终端设备、管理优先级、业务区分服务和对间隔层不同 IED 之间流量管理等。

3.4.2 "接入+汇聚"二级通信网络架构优势分析

"接入+汇聚"二级通信网络承载着智能变电站系统的综合业务，有利于实现通信网络平台化、资源节约和信息实时共享。同时，因为智能变电站网络有着结构规模大、节点数目多且位置较分散、承载业务类型复杂等特点，所以在考虑通信网络结构的适应性时，需要综合考虑智能变电站通信网络结构及变电站通信业务类型。

1) 通信网络业务隔离性分析

首先，智能变电站系统中有大量不同类型的业务，各通信业务实时性要求、流量需要都是不同的。因此需要将有限的网络资源合理规划，提供合适的通信网络资源保障；其次，由于各业务数据流之间需要安全隔离，所以需要规划网络隔离机制来实现信息的安全隔离、网络风暴的抑制以及日常的维护和管理。为了实现不同间隔之间或者不同应用系统之间的网络隔离，本方案采用虚拟局域网 VLAN 技术，以保障资源的合理分配和有效管理和智能变电站网络的可靠运营。

2) 通信网络平台化演进分析

"接入+汇聚"二级通信网络实现了智能变电站站内大部分通信业务的接入和传输，同时也实现了智能变电站现场通信网络的平台化。在此网络结构中，汇聚交换机是通信网络结构的核心，一旦汇聚交换机出现故障则整个变电站自动化系统将会全部瘫痪。而采用双环型或双星型冗余的组网方式，虽然可提高网络的容错性与抗毁性，但同时也增加了系统的复杂性。此外，二级通信网络结构呆板，配置烦琐，不具备动态可重构能力，网络灵活性较差。

3) 通信网络与变电站业务适应性分析

在上述所分析的两级变电站现场通信网络结构中，通信网络可以从应用层面针对智能变电站不同的业务来定制不同的网络服务。并且网络对其承载的业务具备深度感知的功能，可根据不同业务对实时性和可靠性要求来分配网络资源，实现网络资源的合理利用、通信系统性能的改善以及网络与变电站业务之间的统一协作。

3.5 本章小结

SDN 架构所具备的三个重要特征可以归纳为：可编程、集中式控制以及数据平面与控制平面的分离。针对"三层两网"式架构，建议站控层采用绝对集中式的 SDN "强控制"架构，以增强全局管控能力与灵活性；建议过程层采用 SDN "弱控制"架构，通过预置策略保障数据传输的可靠性，同时满足传输时延与抖动的要求。针对"三层一网"式架构，建议由"接入+汇聚"二级网络组成，可有效优化二级通信网络在业务隔离性、平台化演进和变电站适应性等方面的性能。

第4章 基于SDN的智能变电站通信网络设备

4.1 智能变电站典型设备

4.1.1 站控层设备

站控层主要包括监控主机、操作员工作站、工程师工作站、数据通信网关机、数据库服务器、综合应用服务器、同步时钟、计划管理终端等,提供站内运行的人机联系界面,实现管理控制间隔层、过程层设备等功能,形成全站监控、管理中心,并实现与调度通信中心通信。站控层的设备采用集中布置,站控层设备与间隔层设备之间采用网络相连,且常用双网冗余方式。其中最主要的通信设备是监控主机和数据通信网关机。

1. 监控主机

监控主机实现变电站的 SCADA 功能,通过读取间隔层装置的实时数据、运行实时数据库,来实现站内一、二次设备的运行状态监视、操作与控制等功能,一般监控主机采用双台冗余配置。监控主机是用于对本站设备的数据进行采集及处理,完成监视、控制、操作、统计、分析、打印等功能的处理机;一般采用处理能力较强的国产服务器,配置 Linux 操作系统。监控主机软件可分为基础平台和应用软件两大部分,基础平台提供应用管理、进程管理、权限控制、日志管理、打印管理等支撑和服务,应用软件则实现前置通信、图形界面、告警、控制、防误闭锁、数据计算和分析、历史数据查询、报表等应用和功能。

在通信要求上,监控主机一般作为客户,需要同时与间隔层的大多数 IED 通信,实时获取各类模拟量和开关量数据,同时通过远程控制、切换等手段改变设备运行方式。所以监控主机是需要满足较高并发连接的要求,同时对通信响应的时间要求小于 1s。

2. 数据通信网关机

数据通信网关机是变电站对外的主要通信接口设备,实现与调度、生产等主站系统的通信,为主站系统的监视、控制、查询和浏览等功能提供数据、模型和图形服务。作为主厂站之间的桥梁,数据通信网关机也在一定程度上起到业务隔离的作用,可以防止远方直接操作变电站内的设备,增强运行系统的安全性。

数据通信网关机常用的通信协议有 IEC 60870-5-101、IEC 60870-5-103、IEC 60870-5-104、DNP3.0、IEC 61850、TASE.2 等,少数的早期变电站可能还有 CDT、1801 等通信协议。

根据电力系统二次安全防护的要求,变电站设备按照不同业务要求分为安全Ⅰ区和安全Ⅱ区,因此数据通信网关机也分成Ⅰ区数据通信网关机、Ⅱ区数据通信网关机和Ⅲ/Ⅳ区数据通信网关机。Ⅰ区数据通信网关机用于为调度(调控)中心的 SCADA 和 EMS 系统提供电网实时数据,同时接收调度(调控)中心的操作与控制命令。Ⅱ区数据通信网关机用于为调度(调控)中心的保信主站、状态监测主站、DMS、OMS 等系统提供数据,一般不支持远程操作。Ⅲ/Ⅳ区数据通信网关机主要用于与生产管理主站、输变电设备状态监测主站等Ⅲ/Ⅳ区主站系统的信息通信。无论处于哪个安全区,数据通信网关机与主站之间的通信都需要经过安全隔离装置进行隔离。

数据通信网关机一般为嵌入式装置,无机械硬盘和风扇,采用分布式多 CPU 结构,可配置多块 CPU 板及通信接口板,每个 CPU 并行处理任务,支持同时与多个不同的主站系统进行通信。为了确保通信链路的可靠性,数据通信网关机往往采用双机主备工作模式或双主机工作模式。主备工作模式下,当主机故障时,备机才投入运行。但是在双主机工作模式下,两台网关机同时处于运行状态,通信连接在双机之间平均分配,资源利用效率较主备工作模式更高,但其实现也更复杂。

3. 同步时钟

同步时钟指变电站的卫星时钟设备,接收北斗卫星导航系统或 GPS 的标准授时信号,对站控层各工作站及间隔层、过程层各单元等有关设备的时钟进行校正。常用的对时方式有硬对时、软对时、软硬对时组合三种。当时间精度要求较高时,可采用串行通信和秒脉冲输出加硬件授时。在卫星时钟故障情况下,还可接收调度主站的对时以维持系统的正常运行。

同步时钟的主要功能是提供全站统一、同步的时间基准,以帮助分析软件或运行人员对各类变电站数据和时间进行分析处理。特别是在事后分析各类事件,如电力系统相关故障的发生和发展过程时,统一同步时钟、实现对信息的同步采集和处理具有极其重要的意义。

传统的同步时钟不属于通信设备,但是随着 IEEE 1588 网络对时协议的应用,同步时钟也和通信网络深度结合起来。

4.1.2 间隔层设备

间隔层的功能是主要使用一个间隔的数据并且对这个间隔的一次设备进行操作的功能,这些功能通过逻辑接口 3 实现间隔层内通信,通过逻辑接口 4 和 5 与过程层通信,即与各种远方输入/输出、智能传感器和控制器通信。

间隔层设备主要包括测控装置、保护装置、同步相量测量装置(PMU)、稳控装置、故障录波器、网络报文记录及分析设备等。间隔层的绝大多数设备都具备通信能力,要将采集数据和计算结果传输给站控层设备。

1. 测控装置

测控装置是智能变电站间隔层的核心设备,主要完成变电站一次系统电压、电流、功率、频率等各种电气参数测量(遥测)、一、二次设备状态信号采集(遥信);接收调度主站或变电站监控系统操作员工作站下发的对断路器、隔离开关、变电站分接头等设备的控制命令(遥控、遥调),并通过联闭锁等逻辑控制手段保障操作控制的安全性;同时还要完成数据处理分析,生成事件顺序记录等功能。测控的对象主要是变压器、断路器等重要一次设备。测控装置具备交流电气量采集、状态量采集、GOOSE 模拟量采集、控制、同期、防误逻辑闭锁、记录存储、通信、对时、运行状态监测管理功能等,对全站运行设备的信息进行采集、转换、处理和传送。

测控装置主要功能有:
(1) 开关量变位采集。
(2) 电压、电流的模拟量采集和计算,其基本内容有电流、电压、频率、功率及功率因数。
(3) 遥控输出。
(4) 检同期合闸。
(5) 事件记录及 SOE。
(6) 支持电力行业标准的通信规约。
(7) 图形化人机接口。

2. 同步相量测量装置

同步相量技术起源于 20 世纪 80 年代初,但由于同步相角测量需要各地精确的统一时标,将各地的量测信息以精确的时间标记同时传送到调度中心,对于 50Hz 工频量而言,1ms 的同步误差将导致 18°的相位误差,这在电力系统中是不允许的。随着 GPS 的全面建成并投入运行,GPS 精确的时间传递功能在电力系统中得到广泛的应用。GPS 每秒提供一个精度可达到 1μs 的秒脉冲信号,1μs 的相位误差不超过 0.018°,完全可以满足电力系统对相角测量的要求,因而同步相量测量装置才获得广泛应用。

同步相量测量装置实现的主要功能如下。
(1) 相量计算。通过傅里叶法进行相量计算,同时对频率、功率等信息进行计算。
(2) 故障录波。当满足启动判据生成录波文件。
(3) 数据存储分析。装置本地储存 14d 的历史数据,滚动刷新,同时提供原始报文截取和相量数据分析功能。
(4) 数据共享。将相量数据上传给站内监控及 WAMS 系统进行分析。
(5) 时钟同步。与时间服务器进行通信,完成装置对时,并具有守时能力。

3. 继电保护装置

继电保护装置是当电力系统中的电力元件(如发电机、线路等)或电力系统本身发生了故障危及电力系统安全运行时,直接向所控制的断路器发出跳闸命令,以终止这些事件发展的一种自动化设备。

继电保护装置监视实时采集的各种模拟量和状态量,根据一定的逻辑来发出告警信息或跳闸指令来保护输变电设备的安全,需要满足可靠性、选择性、灵敏性和速动性的要求。装置类别包括:

(1) 电流保护，包括过电流保护、电流速断保护、定时限过电流保护、反时限过电流保护、无时限电流速断等。

(2) 电压保护，包括过电压保护、欠电压保护、零序电压保护等。

(3) 瓦斯保护。

(4) 差动保护，包括横联差动保护、纵联差动保护。

(5) 高频保护，包括相差高频保护、方向高频保护。

(6) 距离保护，又称阻抗保护。

(7) 负序及零序保护。

(8) 方向保护。

4. 保护测控集成装置

保护测控集成装置是将同间隔的保护、测控等功能进行整合后形成的装置形式，其中保护、测控均采用独立的板卡和 CPU 单元，除输入输出采用同一接口、共用电源插件以外，其余保护、测控板卡完全独立。保护、测控功能实现的原理不变。一般应用于 110kV 及以下电压等级。

5. 安全自动保护装置

当电力系统发生故障或异常运行时，为防止电网失去稳定和避免发生大面积停电，在电网中普遍采用安全自动保护装置，执行切机、切负荷等紧急联合控制措施，使系统恢复到正常运行状态，包括：

(1) 保持供电连续性和输电能力的自动重合闸装置。

(2) 保持稳态输电能力与输电需求的平衡。

(3) 保持动态输电能力与输电需求的平衡。

(4) 保持频率在安全范围内的自动装置。

(5) 保持无功功率紧急平衡的自动控制装置。

(6) 失步解列装置。

6. 故障录波器

故障录波器用于电力系统，可在系统发生故障时，自动、准确地记录故障前、后过程的各种电气量的变化情况，通过这些电气量的分析、比较，对分析处理事故、判断保护是否正确动作、提高电力系统安全运行水平均有着重要作用。故障录波器是提高电力系统安全运行的重要自动装置，当电力系统发生故障或振荡时，它能自动记录整个故障过程中各种电气量的变化。

根据故障录波器所记录波形，可以正确地分析判断电力系统、线路和设备故障发生的确切地点、发展过程和故障类型，以便迅速排除故障和制定防止对策；分析继电保护和高压断路器的动作情况，及时发现设备缺陷，揭示电力系统中存在的问题。

故障录波器的基本要求是必须保证在系统发生任何类型故障时都能可靠启动。一般启动方式有：负序电压、低电压、过电流、零序电流、零序电压。

7. 网络报文记录及分析设备

网络报文记录及分析设备自动记录各种网络报文,监视网络节点的通信状态,对记录报文进行全面分析以及回放,实现功能包括:

(1)对站控层、过程层通信网络上的所有通信报文及过程进行采集、记录、解析。

(2)对分析结果和记录数据进行分类展示、统计、离线分析、输出。

(3)自动导入 SCD 文件,通过文件内容产生相关模型配置信息。

4.1.3 过程层设备

在 IEC 61850 标准中,智能变电站的过程层为直接与一次设备接口的功能层。智能变电站的保护/控制等 IED 装置需要从变电站过程层输入数据,然后输出命令到过程层,其主要指互感器、变压器、断路器、隔离开关等一次设备及与一次设备连接的电缆等,典型过程层的装置是合并单元与智能终端。作为一、二次设备的分界面,过程层装置主要实现了以下功能。

(1)测量。间隔保护、测控(电流、电压等实时电气量)模拟量采集;支持报文、录波、PMU 的模拟量信息应用。

(2)控制。测控装置的遥控功能;电气操作和隔离。

1. 合并单元

合并单元是按时间组合电流、电压数据的物理单元,通过同步采集多路 ECT/EVT 输出的数字信号并对电气量进行合并和同步处理,并将处理后的数字信号按照标准格式转发给间隔层各设备使用,简称 MU,其主要功能包括:

(1)接收 IEEE 1588 或 B 码同步对时信号,实现采集器间的采样同步功能。

(2)采集一个间隔内电子式或模拟互感器的电流电压值。

(3)提供点对点及组网数字接口输出标准采样值,同时满足保护、测控、录波和计量设备使用。

(4)接入两段及以上母线电压时,通过装置采集的断路器、刀闸位置实现电压并列及电压切换功能。

2. 智能终端

智能终端是指作为过程层设备与一次设备采用电缆连接,与保护、测控等二次设备采用光纤连接,实现对一次设备的测量等功能的装置。与传统变电站相比,可以将智能终端理解为实现了操作箱功能的就地化。其基本功能包括:

(1)开关量和模拟量(4~20mA 或 0~5V)采集功能。

(2)开关量输出功能,完成对断路器及刀闸等一次设备的控制。

(3)断路器操作箱(三相或分相)功能,包含分合闸回路、合后监视、重合闸、操作电源监视和控制回路断线监视等功能。

(4)信息转换和通信功能,支持以 GOOSE 方式上传一次设备的状态信息,同时接收来自二次设备的 GOOSE 下行控制命令,实现对一次设备的实时控制。

(5) GOOSE 命令记录功能,记录收到 GOOSE 命令时刻、GOOSE 命令来源及出口动作时刻等内容,并能便捷查看。

3. 合并单元智能终端集成装置

在智能变电站内,合并单元和智能终端设备一般安装于就地控制柜中。部分工程就地智能控制柜出现空间紧张、难散热等问题,对设备的安全运行带来了安全隐患。为进一步实现设备集成和功能整合,简化全站设计,减少建设成本,研制并采用了合并单元智能终端集成装置,其基本原理是把合并单元的功能和智能终端的功能集成在一个装置中,一般以间隔为单位进行装置集成,但不仅仅是简单的集成。集成后的装置中合并单元模块和智能终端模块配置单独板卡,独立运行,也共用一些模块(如电源模块、GOOSE 接口模块等),而且必须同时达到单独装置的性能要求。

合并单元智能终端集成装置有两个重要的特点。

(1) 在合并单元功能或者智能终端功能出现故障时,应互不影响,如合并单元功能失效时,应不影响变电站内保护控制设备通过该装置对断路器和隔离开关的控制操作。

(2) 采用了 SV/GOOSE 报文共口技术,在同一个光纤以太网接口既处理 GOOSE 报文,也处理 SV 报文,以减少整个装置的光纤接口数,降低整个装置的功耗。

4.2 OpenFlow 交换机

智能变电站最重要的通信设备就是交换机。由于恶劣工作环境和高可靠性的要求,变电站应用的交换机是工业以太网交换机。而在 SDN 架构中,将由 SDN 交换机替代传统工业以太网交换机以完成其功能,同时,在工业级设计中满足工业宽温设计、4 级电磁兼容设计、冗余交直流电源输入、"三防"处理等要求。

4.2.1 OpenFlow 交换机的工作原理

交换机最核心的工作就是"交换",即完成数据信息从设备入端口到设备出端口的转发。它的工作过程可以被总结为下面的过程:设备入端口收到的相关数据包被交换机解析出来之后,将其中所包含的网络信息与设备中保存的转发表进行匹配,成功匹配后将数据通过背板传送到设备出端口上。因而在 SDN 网络中,单纯负责数据的高速转发功能的基础设施层的设备都可以统一称为 SDN 交换机。同时,作为网络设备中的转发平面,交换机需要支持的最基本的功能包括转发决策、背板、输出链路调度等。

1. 组成部分

OpenFlow 交换机主要完成数据的转发工作,其主要构成有以下几个部分:安全通道、流表以及 OpenFlow 协议,如图 4-1 所示。OpenFlow 的交换机包括一个或多个流表和一个组表,执行分组查找和转发,以及一个到外部控制器的信道,用于二者通信传送数据,交换机是通过 OpenFlow 协议被控制器所配置管理的。组表包含组表项，每个组表项包含了一系列依赖于组类型的特定规范的行动存储段。

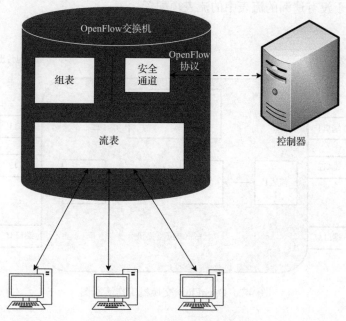

图 4-1　OpenFlow 交换机框架图

（1）流表。OpenFlow 交换机的处理单元，由多个流表项组成，每个流表项就是一个转发规则。进入交换机的数据包通过查询流表来获得转发的目的端口及对应操作。流表项由头域、计数器和操作三个部分组成，其中头域是个十元组，包含很多匹配项，涵盖了链路层、网络层和传输层的大部分标识；计数器用来统计流表项的基本数据；操作标明了与该流表项匹配的数据包应该执行的相应操作。

（2）安全通道。连接 OpenFlow 交换机到控制器的接口。控制器通过这个接口控制和管理交换机，同时控制器接收来自交换机的事件并向交换机发送数据包。交换机和控制器通过安全通道进行通信，而且所有的信息必须按照 OpenFlow 协议规定的格式来执行。

（3）OpenFlow 协议。用来描述控制器和交换机之间交互所用信息的标准，以及控制器和交换机的接口标准。协议的核心部分是用于 OpenFlow 协议信息结构的集合。

2. 工作过程

OpenFlow 交换机的具体工作过程：SDN 控制器通过控制信息通知交换机告诉交换机，当报文从某一端口传送进来时，就查相应流表，匹配一条表项之后，执行这条表项规定的指令，转发、丢弃、执行查找下一个流表。交换机的具体工作流程如图 4-2 所示。

从图 4-2 中看到，OpenFlow 交换机在逻辑上可以认为由两部分组成：端口和流表。SDN 控制器使用 OpenFlow 的协议，可以添加、更新和删除流表中的表项，既可以主动又可以被动地响应数据包。交换机中的每个流表都存在多个流表项，数据包与流表项的匹配开始于第一个流表，并可能会延续匹配到下一条，甚至更多额外的流表。流表项匹配数据包按照优先级的顺序依次开始，从每个表的第一个流表项开始，如果找到了相匹配的表项，那么数据包就按照匹配的流表项中的指令去执行操作，如果在当前流表中没有找到对应的流表项，结果取决于没有遗漏的流表中的流表项配置。

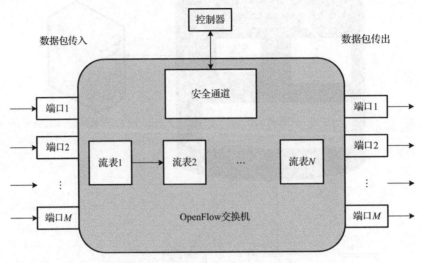

图 4-2　OpenFlow 交换机工作流程图

3. OpenFlow 交换机的分类

按照对 OpenFlow 的支持程度，OpenFlow 交换机可以分为两类：专用的 OpenFlow 交换机和支持 OpenFlow 的交换机。专用的 OpenFlow 交换机是专门为支持 OpenFlow 而设计的，它不支持现有的商用交换机上的正常处理流程，所有经过该交换机的数据都按照 OpenFlow 的模式进行转发。专用的 OpenFlow 交换机中不再具有控制逻辑，是在端口间转发数据包的一个简单的路径部件；支持 OpenFlow 的交换机是在商业交换机的基础上添加流表、安全通道和 OpenFlow 协议来获得了 OpenFlow 特性的交换机。其既具有常用的商业交换机的转发模块，又具有 OpenFlow 的转发逻辑，因此能够支持两种不同的方式处理接收到的数据包。

按照 OpenFlow 交换机的发展程度来分，OpenFlow 交换机也可以分为两类："Type0"交换机和"Type1"交换机。"Type0"交换机仅仅支持十元组以及以下四个操作：转发这个流的数据包给一个给定的端口(或者几个端口)；压缩并转发这个流的数据包给控制器；丢弃这个流的数据包；通过交换机的正常处理流程来转发这个流的数据包。显然"Type0"交换机的这些功能是不能满足复杂试验要求的，因此我们将要定义"Type1"交换机来支持更多的功能，从而支持复杂的网络试验。"Type1"交换机将具有一个新的功能集合。

目前，基于软件实现的 OpenFlow 交换机主要有两个版本：部署于 Linux 系统的基于用户空间的软件 OpenFlow 交换机以及同样部署于 Linux 系统的基于内核空间的软件 OpenFlow 交换机。前者操作简单，便于修改，但是美中不足的是性能较差；后者速度较快，提供了虚拟化的功能，但是实际的修改和操作过程相对复杂。另外，很多网络硬件厂商也相继推出了有很强竞争力的支持 OpenFlow 标准的硬件交换机。

4. 典型代表

作为 OpenFlow 交换机中的典型代表，OVS（OpenVSwitch）从一推出就开始在市面上产生了重要的影响。它是一个软件实现的虚拟交换机，目前可以和 KVM、Xen 等多种虚拟化平台整合，工作原理与物理交换机类似。其两端与物理网卡和多张虚拟网卡相连接，在内部有一张映射表，根据表中的 MAC 地址寻找相匹配的链路进行转发数据。从虚拟机发出的数据包通过虚拟网卡，根据定好的处理规则决定数据包的处理方式，继而转发到虚拟交换机，OVS 将根据自身记忆存储的流表与数据包进行匹配，这点与其他虚拟交换机不同，匹配成功后按照指令执行操作，匹配不成功则将数据包发送给控制器等待其他流表的下发。OVS 的核心组成部分为 OpenFlow 协议以及数据转发通路。数据转发通路主要用于执行数据的交换工作，负责从设备入端口接收数据包并依据流表信息对其进行管理（如将其转发至出端口、丢弃或者进行数据包修改），OVS 提供了两种数据转发通路，一种是完全工作在用户态的慢速通道，另一种则是利用了专门的 Linux 内核模块的快速通道。OpenFlow 协议支持用于实现交换策略，即通过增加、删除、修改流表项的方式告诉数据转发通路针对不同的数据流采用不同的动作。

4.2.2 OpenFlow 交换机与传统以太网交换机的差异

在传统的网络交换设备中，转发平面和控制平面是紧密耦合的，被集成在单独的设备箱中，各个设备的控制平面被分布地部署在网络的各个节点上，很难对全网的情况有全局把握。同时在传统网络设备中，各商家出于对技术保密的考虑，几乎不会向外部开放接口供设备用户调用，这导致用户很难对网络设备进行灵活调用。传统的交换机的固件是由设备制造商锁定和控制的，因此交换机在制造时就已经将分组的转发功能与路由器的控制功能结合在一起，这种依赖硬件的实现手段给网络中的调整带来了很多问题。

由于 SDN 交换机工作在基础设施层，不必过多考虑在逻辑处理方面的问题，但是为了完成高速转发数据的功能，也要遵循交换机的工作原理。下面就 SDN 交换机与传统交换机的几点区别予以说明。

（1）以 OpenFlow 交换机为代表的 SDN 基础设施层的设备中，对交换过程所需要的转发策略机制进行了进一步的抽象，将传统网络设备中的二层转发表、三层路由表机制统一抽象为 SDN 网络中交换机的流表。

（2）传统交换机的转发表的组成有着标准的定义，例如，二层交换机的转发表就是一个设备端口和 MAC 地址的映射关系，然而 SDN 交换机的转发决策中使用的转发表具有非常复杂的组成结构，其中各个表项以及包含的头域都是可以自己定义的，这能够提供更高的灵活性。

（3）从本质上看，传统设备中无论交换机还是路由器，其工作原理都是在收到数据包的时候，将数据包中的某些特征与设备运行过程中通过记忆存储的一些表项进行对比，当发现匹配时则按照表项的要求进行相应处理。SDN 交换机也是类似的原理，但是与传统设备存在差异的是，设备中的各个表项并非是由设备自身根据周边的网络环境在本地自行生成的，而是由远程控制器统一下发的，因此各种复杂的控制逻辑都不需要在 SDN 交换机中进行实现。同时 SDN 交换机支持 OpenFlow 协议，一般情况下具有传统交换机的所有功能。

传统交换机的性能主要从传输速率、传输模式以及交换方式这三种指标上进行比较，而 SDN 交换机忽略了控制逻辑的实现，全力关注基于表项的数据处理，因而数据处理的性能成为衡量 SDN 交换机的主要指标。OVS 交换机就是一种基于开源软件技术实现的交换机，它具备完善的交换机功能，在虚拟组网中起到了至关重要的作用。

4.3 SDN 控制器

SDN 控制器，又称 SDN 网络操作系统，是一套用于控制 SDN 交换机的软件，一般可安装在服务器中使用。SDN 控制器是整个 SDN 网络的大脑，位于网络中的控制平面，集中管理网络中所有设备，虚拟整个网络为资源池，根据用户不同的需求以及全局网络拓扑，灵活动态地分配资源。它具有网络的全局视图，负责管理整个网络：对于基础设施层，通过标准的南向协议与设备进行通信；对于应用层，通过开放的北向接口向上层提供对网络资源的控制能力。为了满足网络运行的可靠性和有效性，必须使用高性能的控制器以免控制器成为 SDN 发展的瓶颈。

4.3.1 SDN 控制器的基本功能

SDN 控制器的首要功能是，采用 SDN 南向接口（通常为 OpenFlow）协议对交换机流表的控制。因此，一个精简的控制器可以看作 OpenFlow 交换机流表的控制端软件。OpenFlow 流表是决定数据流转发方式的规则表，其内容由控制器负责填写。一般来说，控制器可采取两种方式完成流表的操作：主动式和响应式。

(1) 主动式控制器，在数据流建立之前，就将转发规则通过 OpenFlow 协议注入到交换机之中。显然，数据流的建立不包含控制器参与的控制处理时延，也不会因控制器出现故障而导致得不到服务的情况。但是，控制器需要预先制定所有流的转发规则，而且可能限制了网络状态变化的自动适应。实际上，主动式控制是一种更接近于传统交换机控制的技术方式。

(2) 响应式控制器，在数据流的第一分组到达交换机时，由交换机通知控制器为该数据建立相应的流表控制项，如图 4-3 所示。虽然数据流的建立时长明显大于主动式控制，但考虑到在流的传送服务过程中只发生一次，对多数应用而言性能上的变化是能接受的。这种变化，可以换取交换机流表容量的高效使用，因而应用的优势仍然较为明显。

从图 4-3 可以看出，OpenFlow 交换机收到一个 IP 分组后，首先检查本地流表。如果流表没有预先建立的针对该分组的转发规则，则将该分组交组控制器；如果流表可匹配到有效规则（说明控制器已完成建立处理），则执行规则，选择端口转发。为便于说明控制器针对 Ping 转发所设计的功能结构，图 4-4 给出了一个简单的应用场景。该场景由 3 台主机、1 台 OpenFlow 交换机和 1 台 SDN 控制器组成，并设主机 H1 发送一个 Ping/ICMP 请求分组给主机 H3，要求 H3 回 Ping/ICMP 响应分组，以表明 H1 到 H3 是网络可达的。

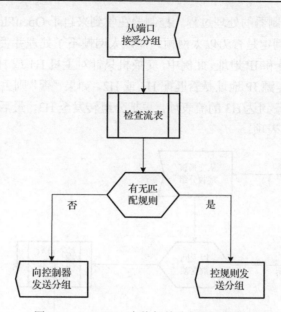

图 4-3　OpenFlow 交换机的分组处理流程

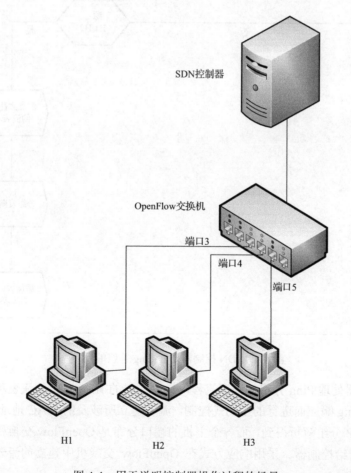

图 4-4　用于说明控制器操作过程的场景

图 4-5 为 SDN 控制器的处理过程。控制器在收到来自 OpenFlow 交换机的分组后，检查其以太网帧头以判定是否为以太网帧。非以太网帧不予处理并丢弃该分组，并获取得到分组中的 MAC 地址和 IP 地址。此例中，交换机只针对主机 H1 或 H2 到 H3 建立流规则，因此，控制器接着判定源 IP 地址是否匹配 H1 或 H2，如果"否"则丢弃该分组，如果"是"则要求交换机建立一条到达 H3 的流表项，再把分组转发至 H3，最后再要求交换机建立一条从 H3 到达 H1 的流表项。

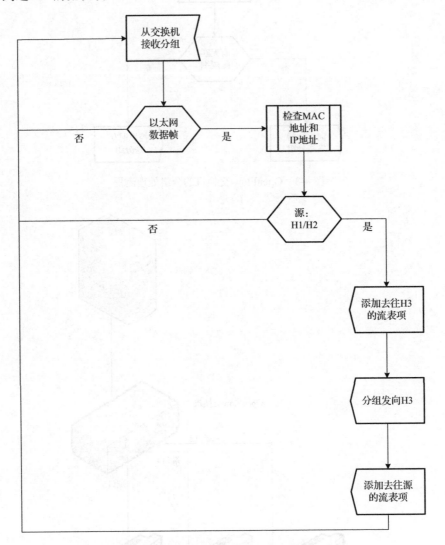

图 4-5　SDN 控制器处理 Ping 分组的流程

SDN 控制器处理 Ping 分组的程序流程，最后建立的 H3 到 H1 的流表项，是针对可预见的 H3 回送 Ping 响应而进行的主动式控制。流表建立所涉及的 MAC 地址和 IP 地址，可以从接收到的 IP 分组解析得到，而各个主机的端口分布是 OpenFlow 交换机事先通过侦测得知，并已报告给控制器。采用响应方式在 OpenFlow 交换机中建立的流表，其内容可用表 4-1 表示。

表 4-1 通过 SDN 控制器新增加的流表项

MAC src	MAC dst	IP src	IP dst	<其他>	Action
*	H3-MAC	*	H3-IP	*	Port 5
*	H1-MAC	*	H1-IP	*	Port 3
…	…	…	…	…	…

从以上分析可以出看,针对不同类型的应用,控制器可采用不同的逻辑控制流程,因而可有不同功能的 SDN 控制器。

4.3.2 SDN 控制器的功能组件

SDN 控制器的主要功能组件,应包含:

(1) AAA 组件,提供安全访问管理机制。

(2) REST API 模块,实现网络操作系统内核 API 到 Restful 风格 API 之间的转换。

(3) 北向服务适配模块,向应用层和编排管理层提供统一的 NoS 管理能力和服务查询能力。

(4) 集群抽象层,实现集群的可扩张,向北向各层屏蔽下层的分布式核心细节,调度分布式核心的实例扩展,解决实例间的竞争问题。

(5) 南向协议抽象模块,屏蔽南向接口的协议差异,向 NoS 提供统一的抽象网元模型和网络模型。

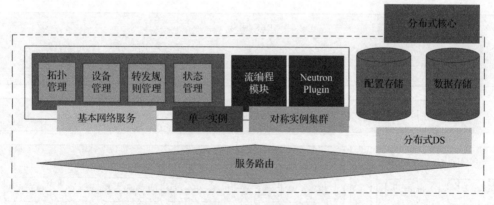

图 4-6 分布式核心

分布式核心(图 4-6)由对称化实例集群、分布式数据库和服务路由组成。其中对称化实例集群的单一实例包含三个部分:①基本网络服务,类似控制器,管理网络资源的四个基本方面,即拓扑、设备、状态和规则;②流编程模块,类似运算器,结合其他模块,计算流表和下发规则;③Neutron 插件,支持 OpenStack 云平台的关键模块。分布式数据库,主要实现配置存储和数据存储,其中配置存储记录和管理 NoS 启动态和当前运行状态的配置信息,数据存储类似内存,缓存 NoS 与南北功能层交互时的临时数据信息。服务路由,类似总线,连同东西向和南北向各模块。

4.3.3　SDN 控制器的种类

随着 SDN 商用化的逐步发展，越来越多的机构投入到了 SDN 控制器研制大军中，其中有很多推出了自己的 SDN 控制器，当前主流的开源 SDN 控制器主要有 NOX、POX、OpenContrail、Floodlight、Ryu、ONOS、OpenDayLight 等，这些控制器在工业界和学术界有着相当重要的地位。本小节详细介绍当前主流的几种开源 SDN 控制器。

1) NOX/POX 控制器

NOX 和 POX 均为斯坦福大学先后创建的开源 SDN 控制器。其中 NOX 是于 2008 年设计的，是具有里程碑意义的第一个开源 SDN 控制器。NOX 基于 OpenFlow 1.0 协议，其底层模块使用 C++编程语言开发，上层应用使用 C++和 Python 编程语言共同实现。基于 NOX 扩展的控制器也被网络运营者和设备提供者广泛地应用于 SDN 的商用化的实验与测试中。POX 是 2011 年推出的完全使用 Python 语言实现的控制器。相比于 NOX，POX 采用相同的编程模式和事件处理机制，在此基础上，添加了对多线程事件的处理。简单易懂的原理以及较强的可扩展性使 POX 被研究人员广泛地接受与使用。

2) Floodlight 控制器

Floodlight 是由 Big Switch Networks 公司开发的基于 Java 语言的开源 SDN 控制器，其在 Apache2.0 的开源标准软件许可下可以免费使用，当前支持的南向协议为 OpenFlow1.0 协议。Floodlight 的整体框架图如图 4-7 所示。

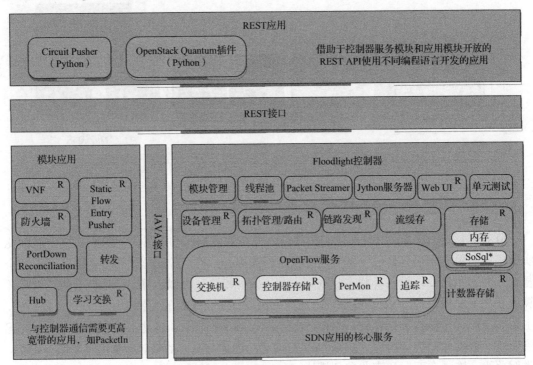

图 4-7　Floodlight 整体架构图

Floodlight 与 Big Switch Networks 开发的商用控制器 Big Switch SDN 控制器的 API 接口完全兼容，具有较好的可移植性。Floodlight 的日常开发与维护工作主要由其开源社区进行支持。Floodlight 控制器为模块化的结构，可直接实现数据的转发、底层网络拓扑的发现、路径信息的计算等基本功能。而且，Floodlight 通过向用户提供 WebUI 管理界面，使用户能够通过管理界面来管理网络资源，包括查看连接到控制器上的交换机信息、主机信息、实时的底层网络拓扑信息等。Floodlight 总体分为三部分：控制器模块、应用模块和 REST 应用，针对 Floodlight 控制器的北向通常使用 Java 接口或者 REST API 方式进行通信。Floodlight 开源控制器可以提供和 OpenFlow 交换机的互操作，并且界面友好，操作简单，得到了 SDN 研究者的广泛支持。

3) OpenContrail 控制器

OpenContrail 是基于 C++的 SDN 开源控制器。该控制器针对网络虚拟化提供了基本组件，同时提供了一套扩展 API 来配置、收集和分析网络系统中的数据。OpenContrail 可以与虚拟机管理程序协同工作，并支持 OpenStack 技术。OpenContrail 控制器可以应用在不同的网络场景中。例如，云计算网络，主要有企业和运营商私有云、云服务提供商的基础设施即服务（IaaS）和虚拟专用云（VPC）；以及在运营商网络中可以为运营商边界网络提供增值服务的网络功能虚拟化（NFV）。

OpenContrail 主要由控制器和虚拟路由器构成。控制器主要由配置节点、分析节点、控制节点三个组件构成。配置节点既可以将高层级的服务数据模型组件转化成相应低层级的组件，又可以向应用层提供北向应用程序接口（API）；分析节点则是通过收集、存储并分析物理网络环境与虚拟网络环境的信息，将数据抽象化，最终以恰当的形式供应用层使用；控制节点实现了逻辑集中的控制平面，为了保证网络状态的持续性以及一致性，需要在控制节点之间以及控制节点与网络设备间进行通信，与其他控制节点的通信需要使用 BGP 协议。OpenContrail 控制器使用开放的北向接口与上层业务通信，使用 BGP、Netconf 协议与下层物理设备通信。虚拟路由器是一个转发平面，以软件的形式部署在网络环境中，负责转发虚拟机之间的数据包，从而将数据中心中的物理路由器和交换机扩展为一个虚拟的覆盖网络。

4) Ryu 控制器

Ryu 控制器是由日本最大的电信服务提供商 NTT 主导开发的基于 Python 语言的开源控制器，它提供了丰富的 API 接口，支持 v1.0、v1.2、v1.3 等多个版本的 OpenFlow 协议。Ryu 提供了大量的组件供上层应用调用，其架构和主要组件如图 4-8 所示。

Ryu 的组件之间是相互独立的，OF-conf、Netconf 等组件主要提供了对 OpenFlow 交换机的控制能力，Topology 用于对 SDN 网络的拓扑进行管理，Of Rest 提供了上层的 API 接口，OpenStack Quantum 实现了与 OpenStack 云管理平台的对接。Ryu 控制器是基于组件的框架，这些组件以 Python 模块的形式存在。Ryu 能够与云平台进行融合，提供下层网络资源的调度能力，在云计算服务中得到了很好的应用，同时也为运营商网络提供了新的创新思路。

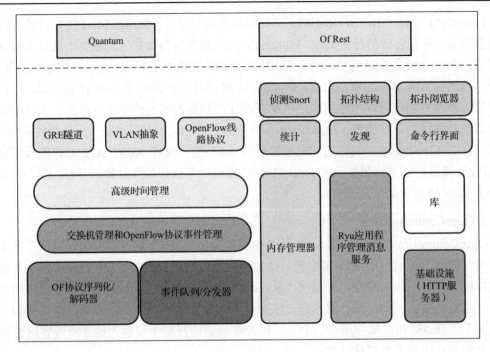

图 4-8　Ryu 架构图

5) ONOS 控制器

ONOS (Open Network Operating System) 控制器是由 ON.Lab 使用 Java 及 Apache 实现发布的首款开源的 SDN 网络操作系统,主要面向服务提供商和企业骨干网。ONOS 的设计宗旨是满足可靠性强、性能好、灵活度高的网络需求,创建一个运营商级的开源 SDN 网络操作系统,逐步实现运营商网络向 SDN 网络架构的迁移。此外,ONOS 的北向接口抽象层和 API 支持简单的应用开发,而通过南向接口抽象层和接口则可以管控 OpenFlow 或者传统设备。相对于 OpenDaylight 的复杂开发过程来说,ONOS 更易于研究和开发,同时 ONOS 是根据服务提供者的特点和需求进行软件架构设计,因此在未来的光网络发展中 ONOS 将具有更加广阔的前景。

ONOS 整体架构如图 4-9 所示,具体由应用层、北向核心接口层、分布式核心层、南向核心接口层、适配层、设备层 6 部分构成,其中南向核心接口层和适配层可以合起来称为南向抽象层,它是连接 ONOS 核心层与设备层的重要桥梁。ONOS 的北向接口抽象层将应用与网络细节隔离,同时网络操作系统又与应用隔离,从业务角度看,提高了应用开发速度。

ONOS 可以作为服务部署在集群和服务器上,在每个服务器上运行相同的 ONOS 软件,因此 ONOS 服务器故障时可以快速地进行故障切换,这就是分布式核心平台所具有的特色性能。分布式核心平台是 ONOS 架构特征的关键,它为用户创建了一个可靠性极高的环境,将 SDN 控制器特征提升到运营商级别,这是 ONOS 的最大亮点。南向抽象层由网络单元构成,它将每个网络单元表示为通用格式的对象。通过这个抽象层,分布式核心平台可以维护网络单元的状态,而不需要知道底层设备的具体细节。

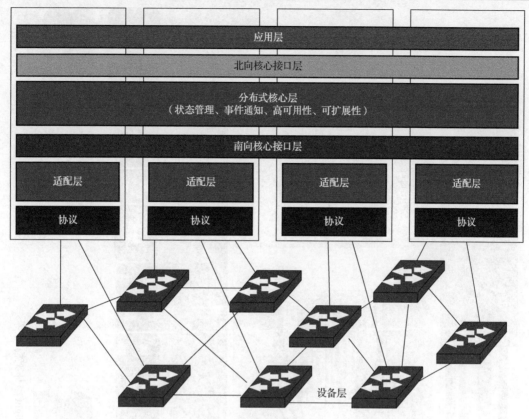

图 4-9 ONOS 整体架构

6) OpenDaylihgt 控制器

OpenDaylight 项目是由 Linux 协会联合业内 18 家企业(包括思科、Juniper、Broadcom 等多家传统网络公司)在 2013 年初创立的,旨在推出一个开源的、通用的 SDN 平台。目前已经发布了四个版本:Hydrogen、Helium、Lithium 和 Beryllium。作为 SDN 架构的核心组件,OpenDaylight 的目标是降低网络运营的复杂度,扩展现有网络架构中硬件的生命期,同时能够支持 SDN 新业务和新能力的创新。OpenDaylight 开源项目提供了开放的北向 API,同时支持包括 OpenFlow 在内的多种南向接口协议,底层支持传统交换机和 OpenFlow 交换机。OpenDaylight 拥有一套模块化、可插拔且极为灵活的控制器,能够部署在任何支持 Java 的平台上。

OpenDaylight 的整体架构如图 4-10 所示。OpenDaylight 架构中通过插件的方式支持包括 OpenFlow1.0、OpenFlow1.3、BGP、OVSDB、NETCONF 等多种南向协议。服务抽象层(SAL)一方面支持多种南向协议,并为模块和应用支持一致性的服务;另一方面将来自上层的调用转换为适合底层网络设备的协议格式。在 SAL 之上,OpenDaylight 提供了网络服务的基本功能和拓展功能,基本网络服务功能主要包括拓扑管理、状态管理、主机监测,以及最短路径转发功能,同时提供了一些拓展的网络服务功能。但 OpenDaylight 是基于成员企业的发展,其未来的发展很大层面受到设备商的制约。

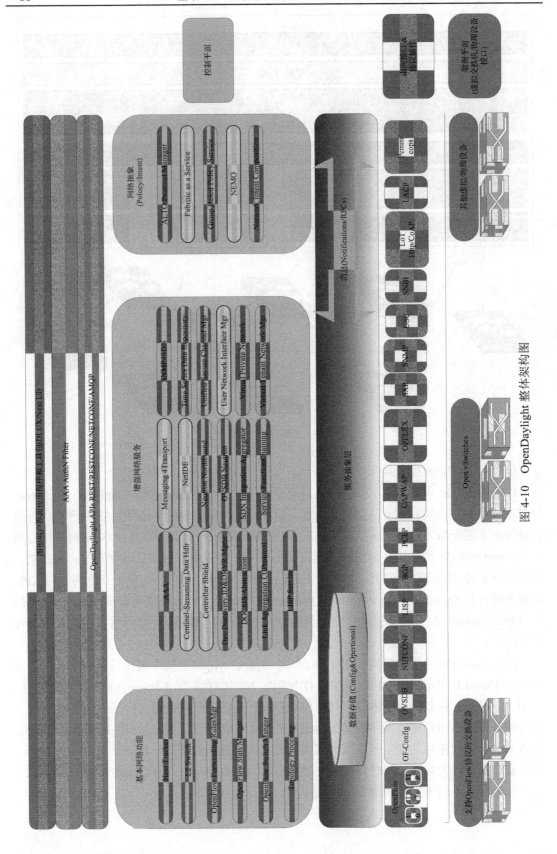

图 4-10 OpenDaylight 整体架构图

4.3.4 不同 SDN 控制器的比较

目前主流控制器的原理架构已经在前面进行了详细的介绍,并且针对 OpenDaylight 控制器的功能模块进行了细致的分析,本小节将针对不同控制器在研究背景、支持的南向协议、对多线程、Openstack 以及平台的支持上给出表 4-2、表 4-3 所示的对比结果。

表 4-2 主流开源控制器对比(1)

控制器	NOX	POX	FloodLight	OpenContrail
开发语言	C++	Python	Java	C++
开发团队	Nicira	Nicira	Big Switch	Juniper
支持的南向协议	OpenFlow1.0	OpenFlow1.0	OpenFlow1.0	BGP、XMPP
多线程支持	否	是	是	是
OpenStack 支持	否	否	是	是
多平台支持	Linux	Linux	Linux/Windows	Linux

表 4-3 主流开源控制器对比(2)

控制器	Ryu	ONOS	OpenDaylight
开发语言	Python	Java	Java
开发团队	NTT	ON.Lab	Juniper
支持的南向协议	Of1.0、Of1.2、Of1.3、Of1.4、NetconF、sFLOW、OF-conf、OVSDB	OpenFlow、OVSDB、BGP_LS、OSPF、PCEP、Netconf、SNMP、ISIS	Of1.0、Of1.3、OVSDB、Netconf、SNMP、BGP、LISP、PCEP
多线程支持	是	是	是
OpenStack 支持	是	是	是
多平台支持	Linux	Linux	Linux/Windows

通过表 4-2、表 4-3 可以得到如下几点结论。

(1)当前主流控制器的开发语言基于 C++、Java、Python,三者应用广泛程度不相上下。基于 C++开发的控制器有良好的处理性能,基于 Java 开发的控制器有丰富的应用程序接口,基于 Python 开发的控制器能更加灵活地进行网络编程。

(2)由于控制器刚刚出现的时候还不能完善地考虑线程方面的问题,因此最早出现的 NOX 控制器不支持多线程,但随着技术的不断发展,为了使 SDN 控制器的响应速度加快,控制器开始在线程方面进行了改善,实现了多线程在控制器上的支持,这更便于管理数据中心内部复杂的网络情况。

(3)与控制器在多线程方面的支持相似,早期发展的控制器也是不能实现对 OpenStack 平台的支持的。但是由于 SDN 与 OpenStack 的结合可以更好地调度分配资源,整合计算、存储和网络,快速实现自动部署和故障排除,降低了云数据中心的运营成本,因此后来发展的控制器都逐渐开始实现对 OpenStack 云平台的支持。

(4)控制器开始支持多种南向协议,最先开始出现的 NOX、POX、Floodlight 控制器都只是支持 OpenFlow1.0 协议,这造成了在实际部署过程中的困难以及运营成本高。之后的控制器开始考虑到对多种南向协议适配的问题上,可以发现,Ryu、OpenDaylight、ONOS控制器都实现了对 BGP、Netconf、SNMP 等多种协议的支持,这使得控制器能够更加灵活地支持多种底层设备,二者之间的信息交互更加便捷。

4.4 本章小结

传统智能变电站通信网络设备包括由监控主机、数据通信网关机、同步时钟等组成的站控层设备,由测控装置、PMU、继电保护装置等组成的间隔层设备,由合并单元、智能终端、合并单元智能终端集成装置等组成的过程层设备,以及工业以太网交换机。在基于SDN 的智能变电站通信网络中,工业以太网交换机将被 SDN 交换机和 SDN 控制器所取代,来完成网络通信功能。

第 5 章 基于 SDN 的智能变电站通信网络业务承载

5.1 智能变电站通信网络典型业务

5.1.1 网络跳闸业务

网络跳闸在智能变电站的应用是通过 GOOSE 实现的。GOOSE 是面向通用对象的变电站事件的缩写，是 IEC 61850 标准中用于满足变电站自动化系统快速报文需求的一种事件传输机制。所谓通用和面向对象，是强调它能够发布和共享 IEC 61850 数据模型的任何信息，且支持面向对象的模型自描述。

GOOSE 通信采用基于以太网多播技术的多播应用关联，为了保证实时性和可靠性，GOOSE 报文传输不需要回执确认，而是采用顺序重发机制。和 MMS 通信映射相比，GOOSE 具有 2 个显著特点：支持一发多收，以及具有较高的效率和实时性。利用一发多收特性可在间隔层联闭锁应用中方便地共享电流电压和刀闸位置，而其效率和实时性足可以满足继电保护相关的信息传输，如跳闸、合闸、启动、闭锁、允许等实时的开关量信号。

GOOSE 被具体实现为以太网组播地址上的循环发送规约(类似于远动的 CDT 协议)：在没有数据变化时，以一个较长的时间周期传送全数据；当有数据变化时，则立刻改用较快的速度重复发送 3 次。如图 5-1 所示，稳定状态下的较长传送间隔为 T_0(一般称为心跳间隔)，当发生了数据变化时无论上一帧如何传送，都立刻进行新数据的快速重复发送(图中的 T_1 为最快重传间隔)。心跳间隔和最快重传间隔可定义，例如，对保护应用 T_1 可取 1ms、T_0 取 5s，对间隔联闭锁应用则可放宽到 100ms 和 10s。T_2 和 T_3 则是从突发到稳定传输的过渡重传时间，对 T_2、T_3 的取值标准并没有任何规定，实践中很多厂商采用了指数增加逐次翻倍的算法。

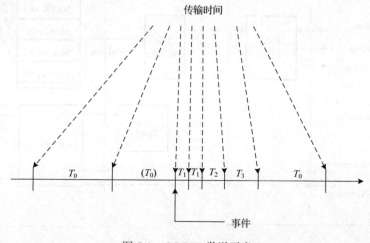

图 5-1 GOOSE 发送示意

在发布者输出数据时为每个报文插入数据序列号,以便订阅者检测是否发生报文的丢失。GOOSE 模型定义了 2 个序号,stNum 在数据变化时加 1,sqNum 则在数据不变重复发送时加 1,此外,在发送的每条报文中包含了允许生存时间(Time Allowed to Live),在此时间内将会发出下一条报文,这样订阅 GOOSE 的 IED 就可以及时判别出通信中断。

1. 通信协议

1)通用变电站事件模型

通用变电站事件模型提供了一个高效的方法,利用多播/广播服务向多个物理设备同时传输同一个通用变电站事件信息。通用变电站事件模型用于 FCD/FCDA 的数据属性集合值的交换,定义了两种控制类和两种报文结构。

(1)面向通用对象的变电站事件(GOOSE)支持由数据集组成的公共数据的交换。

(2)通用变电站状态事件(GSSE)传输状态变化信息(双比特)。GSSE 代表 UCA2.0 中的 GOOSE 模型,在 IEC 61850 中已被移至附录,不建议采用。

信息交换基于发布方/订阅机制。发布方将值写入发送侧的当地缓冲区;接收方从接收侧的当地缓冲区读数据。通信系统负责刷新订阅方的当地缓冲区。发布方的通用变电站事件控制类用以控制这个过程。

图 5-2 为 GOOSE 模型和服务的示意图,报文交换基于多播应用关联。当数据集内一

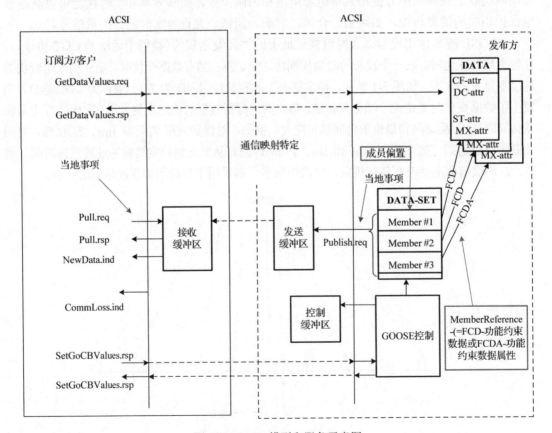

图 5-2 GoCB 模型和服务示意图

个或多个数据属性值变化时,当地服务刷新发布方的发送缓冲区,用 GOOSE 报文发送所有的数据值。数据集有若干个成员,每一个成员有一个 MemberReference,它引用具有特定功能约束(FC)的数据属性。当订阅方接收到 GOOSE 报文后,特定服务映射程序会刷新订阅方缓冲区的内容,然后接收方将缓冲区接收的新值通知上层应用程序。

GOOSE 报文包含一些信息,这些信息让接收设备知道状态已经变位和最近状态变化的时间。最近状态变化的时间可允许接收设备去设置相对于给定事件的当地计时器。

一个新激活的设备(合上电源和重新服务)将用初始的 GOOSE 报文发送当前数据对象(状态)或者值。即使没有发生状态/值变化,发送 GOOSE 报文的全部设备以长的循环时间连续发送报文,这样可保证全部现已激活设备知道它们的对等设备的当前状态。

2) GOOSE 控制块 GoCB

表 5-1 定义了 GoCB 类。

表 5-1 GoCB 类定义

属性名	属性类型	值/值域/解释
GoCBName	ObjectName	GoCB 实例的实例名
GoCBRef	ObjectReference	GoCB 实例的路径名
GoEna	BOOLEAN	使能(TRUE)|停止使能(FALSE)
GoID	VISIBLE STRING129	此属性由用户赋予 GOOSE 报文的标识
DatSet	ObjectReference	
ConfRev	INT32U	
NdsCom	BOOLEAN	
DstAddress	PHYCOMADDR	

GoCBName 表示 GOOSE 控制块名,GoCBName 属性唯一标识 LLN0 作用域内的 GoCB(GOOSE 控制块)。

GoCBRef 表示 GOOSE 控制块引用,GoCBRef 属性是 LLN0 作用域内 GoCB 唯一路径名,格式如图 5-3 所示。

| LDName/LLN0.GoCBName |

图 5-3 GoCBRef 格式

GoEna 表示 GOOSE 使能,GoEna 属性设置为 TRUE 表示当前被使能的 GoCB 发送 GOOSE 报文。GoEna 属性设置为 FALSE 表示 GoCB 停止发送 GOOSE 报文。如果 GoCB 中有不一致属性(如 DatSet 值为 NULL)或 ConfRev 值为 0,GoEna 等于 TRUE 的 SetGoCBValues 将失败并发送一个否定响应。当 GoEna 为 TRUE 时(GoCB 使能),除了设置为停止使能之外,不得改变 GoCB 其他属性值。在 IED 启动时 GoEna 的值由 IED 配置决定。

GoID 表示 GOOSE 标识符,GoID 为用户可定义的 GOOSE 报文标识。

DatSet 表示数据集引用。数据集成员从 1 开始编号,某个成员的编号数字称为 MemberOffset(成员偏移),每个数据集成员有唯一的数字和 MemberReference(功能约束数据(FCD)或功能约束数据属性(FCDA))。GetGoReference 服务获取给定序号的 FCD/FCDA,GetGOOSEElementNumber 服务获取给定的 FCD/FCDA 的序号。

ConfRev 表示配置版本号，ConfRev 属性代表配置次数的计数值，它表示由 DatSet 所引用的数据集配置的改变次数。如下改变均进行计数：

(1) 删除数据集成员。

(2) 数据集增加一个成员。

(3) 数据集成员重新排序。

(4) DatSet 属性值改变。

配置改变时，ConfRev 计数值加 1。在配置时，配置工具负责 ConfRev 值递增/维护。运行是，由 SetGoCBValues 进行的配置改变，IED 负责实现 ConfRev 值的递增。通过 SetGoCBValues 服务将 DatSet 值设置为同样的值，ConfRev 值仍然加一。ConfRev 的初始值值 0 保留。

NdsCom 表示需要重新配置，如果 GoCB 需要进一步配置，NdsCom 属性的值为 TRUE。例如，下述情况需要进一步配置：

(1) 数据集属性值有 NULL 值。

(2) 由于 DatSet 所引用的数据集中元素所传递值的数量和大小超出了 SCSM 和实际的限制。

DstAddress 表示目的地址，DstAddress 属性是 SCSM 特定寻址信息，如介质访问地址、优先级和其他信息。

3) GOOSE 服务定义

GOOSE 定义了 5 种服务，如表 5-2 所示。

表 5-2 GOOSE 定义的 5 种服务

服务	描述
SendGOOSEMessage	发送 GOOSE 报文
GetGoReference	获取和 GOOSE 报文有关的 DatSet 特定成员的 FCD/FCDA 和 DatSetReference
GetGOOSEElementNumber	获取和 FCD/FCDA 的 GOOSE 报文有关的 DatSet 成员的位置
GetGoCBValues	获取 GoCB 的属性
SetGoCBValues	写 GoCB 的属性

GetGoReference 和 GetGOSEElementNumber 服务用于证实发布方的实际配置相对于订阅方希望接收什么。这些服务提供了除了读 GoCB 和 DatSet 定义之外的一种变通方法。

(1) 发送 GOOSE 报文。由 GoCB 使用 SendGOOSEMessage 服务通过多播应用关联发送 GOOSE 报文，如图 5-4 所示。

GOOSE 报文参数规定 GOOSE 报文，给定 GoCB 的 GOOSE 报文在后面的内容中定义。

(2) 读 Go 引用。客户使用 GetGoReference 服务获取所引用 GoCB 的 DATA-SET 特定成员的 MemberReferences 如图 5-5 所示。

Request 表示请求服务。Response+表示肯定响应，指明服务请求成功。Response−表示否定响应，指明服务请求失败，返回相应 ServiceError。

参数名
Request
GoCBReference
MemberOffset[1..n]
Response+
GoCBReference
ConfigurationRevision
DatSet
MemberReference[1..n]
Response–
ServiceError

参数名
Request
GOOSE message

图 5-4　SendGOOSEMessage 服务参数名

图 5-5　GetGoReference 服务参数名

GoCBReference 表示 GOOSE 控制块引用，GoCBReference 参数标识 GoCB 的 GoCBRef 属性。Request 服务中的 GoCBRef 属性是属于正在请求它的 MemberOffset 的 GoCB。Response 服务中的 GoCBRef 属性是属于正返送其 MemberOffset 的 GoCB。

MemberOffset[1..n] 表示成员偏移，MemberOffset 参数包含一个数值，该数值标识由 DatSet 属性所引用的数据集的成员。

ConfigurationRevision 表示配置版本号，ConfigurationRevision 参数包含 GoCB 的 ConfRev 属性。

DatSet 表示数据集引用，DatSet 参数包含 GoCB 的数据集属性。

MemberReference[1..n] 表示成员引用，MemberReference 参数包含 MemberReference，该参数为数据集成员的 MemberOffset 所请求的 MemberReference。值 NULL 表示请求的 MemberOffset 在所引用的数据集中没有定义成员。

（3）读 GOOSE 元素序号。客户利用 GetGOOSEElementNumber 服务获取和 GoCB 有关的数据集内所选择数据属性成员的位置，如图 5-6 所示。

Request 表示请求服务。Response+表示肯定响应，指明服务请求成功。Response–表示否定响应，指明服务请求失败，返回相应 ServiceError。

GoCBReference 表示 GOOSE 控制块引用，GoCBReference 参数标识 GoCB 的 GoCBRef 属性。Request 服务中的 GoCBRef 属性是属于正在请求它的 MemberOffset 的 GoCB。Response 服务中的 GoCBRef 属性是属于正返送其 MemberOffset 的 GoCB。

参数名
Request
GoCBReference
MemberReference[1..n]
Response+
GoCBReference
ConfigurationRevision
DatSet
MemberOffset[1..n]
Response–
ServiceError

图 5-6　GetGOOSEElementNumber 服务

MemberReference[1..n] 表示成员引用，MemberReference 参数包含 MemberReference，正为该参数请求数据集的成员的 MemberOffset。

ConfigurationRevision 表示配置版本号，ConfigurationRevision 参数包含 GoCB 的 ConfRev 属性。

DatSet 表示数据集引用，DatSet 参数包含 GoCB 的 DatSet 属性。

MemberOffset[1..n] 表示成员偏移，MemberOffset 参数包含 MemberOffset，该参数为数据集成员的 MemberReference 所请求的 MemberOffset。值 NULL 表示请求的 MemberReference 在所引用的数据集中没有成员与之相匹配。

(4) 读 GOOSE 控制块值。客户采用 GetGoCBValues 服务获取 GoCB 的属性值，GoCB 由引用的 LLN0 对请求客户变成可见并因此可访问，如图 5-7 所示。

Request 表示请求服务。Response+表示肯定响应，指明服务请求成功。Response−表示否定响应，指明服务请求失败，返回相应 ServiceError。

参数名
Request
GoCBReference
Response+
GoEnable
GOOSEID
DataSetReference
ConfigurationRevision
NeedsCommissioning
DestinationAddress[0..1]
Response−
ServiceError

图 5-7　GetGoCBValues 服务参数名

GoCBReference 表示 GOOSE 控制块引用，GoCBReference 的格式为 LDName/LLN0.GoCBName。

GoEnable 表示 GOOSE 使能，GoEnable 参数包含所引用 GoCB 的相应 GoEna 属性值。

GOOSEID 表示 GOOSE 标识符，GOOSEID 参数包含所引用的 GoCB 的相应 GoID 属性值。

DataSetReference 表示数据集引用，DataSetReference 参数包含所引用的 GoCB 的相应 DatSet 属性值。

ConfigurationRevision 表示配置版本号，ConfigurationRevision 参数包含 GoCB 的相应 ConfFRev 属性值。

NeedsCommissioning 表示需要重新配置，NeedsCommissioning 参数包含 GoCB 的相应 NdsCom 属性值。

DestinationAddress[0..1] 表示目的地址，DestinationAddress 参数包含 GoCB 的相应 DstAddress 属性值。

(5) 设置 GOOSE 控制块值。客户使用 SetGoCBValues 服务设置 GoCB 的属性值，GoCB 由引用的 LLN0 对请求客户变成可见并因此可访问，如图 5-8 所示。

Request 表示请求服务。Response+表示肯定响应，指明服务请求成功。Response−表示否定响应，指明服务请求失败，返回相应 ServiceError。

参数名
Request
GoCBReference
GoEnable[0..1]
GOOSEID[0..1]
DataSetReference[0..1]
Response+
Response−
ServiceError

图 5-8　SetGoCBValues 服务参数名

GoCBReference 表示 GOOSE 控制块引用，GoCReference 的参数为 LDName/LLN0.GoCBName。

GoEnable[1..0] 表示 GOOSE 使能，GoEnable 参数包含所引用的 GoCB 的相应 GoEna 属性值。

GOOSEID[0..1] 表示 GOOSE 标识符，GOOSEID 参数包含所引用的 GoCB 的相应 GoID 属性值。

DataSetReference[0..1] 表示数据集引用，DataSetReference 参数包含所引用的 GoCB 的相应 DatSet 属性值。

如果 GoCB 使能时，服务发出除了设置停止 GoEnable 之外，设置任何其他属性，将返回服务失败。

4) GOOSE 报文

抽象的 GOOSE 报文格式规定了包含在 GOOSE 报文的信息。GOOSE 报文有如下（表 5-3）结构。每次由 DatSet 引用的一个或多个成员值改变，就发送 GOOSE 报文。

表 5-3 GOOSE 报文定义

GOOSE 报文		
参数名	参数类型	值/值域/解释
DatSet	ObjectReference	出自 GoCB 实例的值
GoID	VISIBLE STRING129	出自 GoCB 实例的值
GoCBRef	ObjectReference	出自 GoCB 实例的值
T	TimeStamp	
StNum	INT32U	
SqNum	INT32U	
Simulation	BOOLEAN	(TRUE)仿真|(FALSE)实际值
ConfRev	INT32U	出自 GoCB 实例的值
NdsCom	BOOLEAN	出自 GoCB 实例的值
GOOSEData[1..n]		
Value	(*)	(*)类型决定于相应公用数据类(CDC)的定义

DatSet 表示数据集，DatSet 参数包含 GOOSE 控制块的 DatSet 属性值。

GoID 表示应用标识符，GoID 参数包含 GoCB 的 GoID 属性值。

GoCBRef 表示 GOOSE 控制块引用，GoCBRef 参数包含 GOOSE 控制块引用。

T 表示时标，T 参数包含 StNum 属性加 1 时的时间。

StNum 表示状态号，StNum 参数是一个计数器，每发送一次 GOOSE 报文并且由 DatSet 规定的数据集内已检出了值的改变，计数器加 1。当 GoEna 转换为 TRUE 时 StNum 的初始值为 1。值为 0 保留。为使得配置的 GoCB 正确、一致地工作，合上电源或重新启动时，GoEna 转换为 TRUE。

SqNum 表示顺序号，SqNum 参数是一个计数器，每发送一次 GOOSE 报文，这个序号加 1。随着 StNum 变化，计数器 SqNum 设置值为 0。当 GoEna 转换为 TRUE 时，建议 SqNum 的初始值为 1。

Simulation 表示仿真，Simulation 参数值为 TRUE，表示报文及其值是由仿真单元发出。GOOSE 订阅方将仿真报文的值报告给它的应用以代替"实际"报文，这取决于接收 IED 的设置。由 DLT860.74 中定义的数据对象规定 IED 从接收实际报文到仿真报文的切换。

ConfRev 表示配置版本号，ConfRev 参数包含 GOOSE 控制块的 ConfRev 属性值。NdsCom 表示需要重新配置，NdsCom 参数包含 GoCB 的 NdsCom 属性值。

GOOSEData[1..n]参数包含在 GOOSE 报文中数据集成员的订阅方定义的信息，其顺序由数据集定义。Value 参数包含在 GoCB 引用的数据成员的值中。

2. 配置与传输过程

1) GOOSE 模型配置

理论上讲，GOOSE 可以用来传输任何信息，原因在于其传输的数据取决于配置的具体模型，而模型可以根据需求灵活调整。

(1) GOOSE 发送配置。在当前工程应用领域，GOOSE 模型的建立通常通过建立独立的逻辑设备(通常命名为 GO)，具体涉及的发送数据或者接收数据的逻辑节点全部建立在其下方，构成 LD/LN 的模式，之后数据的发送通过逻辑设备 GO 下属的 LLN0 逻辑节点的 GoCB(GOOSE 控制模块)来实现，具体通过建立各自不同的数据集 DataSet，各 GoCB 通过引用不同数据集实现不同报文的发送。为确保各 GOOSE 模块在通信链路上的唯一性，GOOSE 模块自由属性 GOID 和 APPID 就用来标示和区分不同的 GOOSE 控制模块。之后，针对 GOOSE 控制模块的具体发送还有相关的模型配置，如 MAC-Address、APPID、VLAN-ID、VLAN-PRIORITY、MinTime、MaxTime 等。其中 MAC-Address 用来表示发送的目的地址，通常的范围为 01-0C-CD-01-00-00～01-0C-CD-01-01-FF；APPID 用来表示 GOOSE 控制模块的唯一性，也是 GOOSE 报文接收方用来区分的一个标志；VLAN-ID、VLAN-PRIORITY 用来区分 VLAN 划分时具体的虚拟局域网，具体的数据要根据工程的实际进行配置；MinTime、MaxTime 表示 GOOSE 报文发送的最小和最大间隔时间，MinTime 通常配置为 2ms，而 MaxTime 则表示 GOOSE 报文趋于稳定，或者说是在长时间没有时间触发时，用来检验 GOOSE 通信链路是否正常的心跳报文，具体的时间通常为秒级，各不同厂家从 5～20s 不等。

(2) GOOSE 接收配置。GOOSE 的发送相比于 GOOSE 的接收显得要略为简单，GOOSE 的接收需针对发送数据配置相应的逻辑节点，并通过"虚端子"的方式实现外部发送数据与接收方之间的关联，之后接收方将按照内部预先配置的关联关系将接收的数据映射到各自具体的数据上，因此，接收方 GOOSE 模型的配置类似于数据的中转。

GOOSE 接收的配置通过是在 GO 逻辑节点下属的 LLN0 的 Inputs 来实现，通过对其所属的 ExtRef 来实现数据属性的逐一关联。GOOSE 输入虚端子模型为包含"GOIN"关键字前缀的 GGIO 逻辑节点实例中定义四类数据对象：DPCSO(双点输入)、SPCSO(单点输入)、ISCSO(整形输入)和 AnIn(浮点型输入)。DO 的描述和 dU 可以明确描述该信号的含义，作为 GOOSE 连线的依据。装置 GOOSE 输入进行分组时，可采用不同 GGIO 实例号来区分。

系统配置时在相关联逻辑设备下的 LLN0 逻辑节点中的 Inputs 部分定义该设备输入的 GOOSE 连线,每一个 GOOSE 连线包含了该逻辑设备内部输入虚端子信号和外部装置的输出信号信息,虚端子与每个外部输出信号为一一对应关系。Extref 中的 IntAddr 描述了内部输入信号的引用地址,应填写与之相对应的以"GOIN"为前缀的 GGIO 中 DO 信号的引用名,引用地址的格式为"LD/LN.DO.DA"。

(3) GOOSE 告警配置。GOOSE 通信中断应送出告警信号,设置网络断链告警。在接收报文的允许生存时间(Time Allow to Live)的 2 倍时间内没有收到下一帧 GOOSE 报文时判断为中断。双网通信时须分别设置双网的网络断链告警。

GOOSE 通信时对接收报文的配置不一致信息须送出告警信号,判断条件为配置版本号及 DA 类型不匹配。

ICD 文件中应配置有逻辑接点 GOAlmGGIO,其中配置足够多的 Alm 用于 GOOSE 中断告警和 GOOSE 配置版本错误告警。GOOSE 告警模型应按 Inputs 输入顺序自动排列,系统组态配置 SCD 时添加与 GOOSE 配置顺序一致的 Alm 的"desc"描述和 dU 赋值。

2) GOOSE 虚端子配置

GOOSE 虚端子是一种能反映装置 GOOSE 配置、装置间 GOOSE 联系的设计方法,解决由于智能变电站装置 GOOSE 信息无接点、无端子、无接线带来的 GOOSE 配置难以体现的问题。

智能变电站装置 GOOSE 虚端子设计方法包括虚端子、虚端子逻辑连线图以及 GOOSE 配置表等,GOOSE 虚端子是一种虚拟端子,反映装置的 GOOSE 开入开出信号,是网络上传递的 GOOSE 变量的起点或终点。GOOSE 虚端子分为开入虚端子和开出虚端子两大类,其组成包括虚端子号、中文名称以及内部数据属性。

装置的开入逻辑 1~i 分别定义为开入虚端子 IN1~INi,开出逻辑 1~j 分别定义为开出虚端子 OUT1~OUTj。中文名称即该 GOOSE 信号的含义标注。内部数据属性按 IED 应用模型体现,格式统一为 LD/LN.DO.DA,如某装置的开入虚端子 IN1 的中文名称为断路器跳闸位置 A 相,其内部数据属性为 GOLD/GOINGGIO1.DPCSO1.stVal。

在工程应用时,装置的虚端子设计一般需要结合变电站的主接线形式,完整描述与其他装置联系的全部信息,并留适量的备用虚端子。

(1) 虚端子逻辑连线。虚端子逻辑连线以装置的虚端子为基础,根据继电保护原理,将各装置 GOOSE 配置以连线的方式加以表示,虚端子逻辑连线 1~k 分别定义为 LL1~LLk。虚端子逻辑连线图以间隔为单元进行设计。逻辑连线以某一装置的开出虚端子 OUTj 为起点,以另一装置的开入虚端子 INi 为终点,一条虚端子逻辑连线 LLk 表示装置之间的一个具体逻辑联系,其编号可根据装置的输入虚端子号以一定顺序加以编排。如逻辑连线 LL1,其起点为智能终端的开出虚端子 OUT1,终点为线路保护的开入虚端子 IN1,表示智能终端和线路保护之间的一个逻辑联系。虚端子逻辑连线图可以直观地反映不同保护装置之间 GOOSE 联系的全貌,供调试和维护人员查阅,如图 5-9 所示。

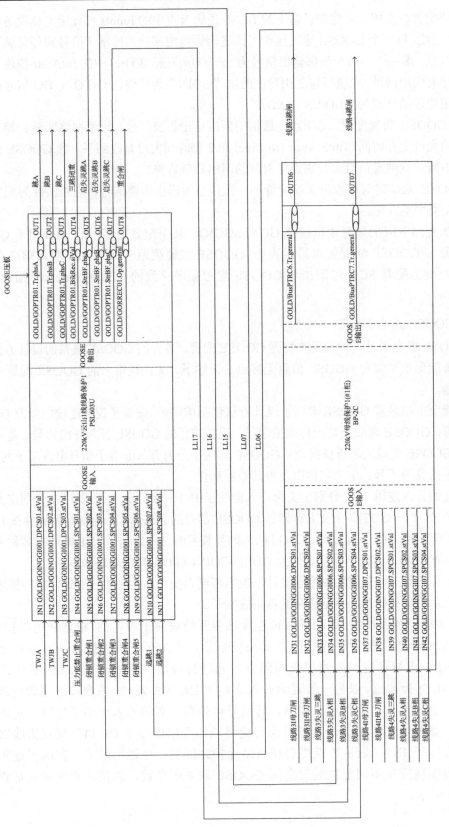

图 5-9 虚端子的逻辑接线

(2) 虚端子配置表。GOOSE 配置表以虚端子逻辑连线为基础，根据逻辑连线，将装置间 GOOSE 配置以列表的方式加以整理再现。GOOSE 配置表由虚端子逻辑连线及其对应的起点、终点组成，其中逻辑连线由逻辑连线编号 LLk 和逻辑连线名称 2 列项组成，逻辑连线起点包括起点的装置名称、虚端子 OUTj 以及虚端子的内部数据属性 3 列项，逻辑连线终点包括终点的装置名称、虚端子 INi 以及虚端子的内部属性 3 列项。GOOSE 配置表对所有虚端子逻辑连线的相关信息系统化地加以整理，作为施工时的图纸依据，如图 5-10 所示。

线路间隔保护GOOSE配置表

逻辑连线		起点			终点		
编号	名称	设备名称	虚端子号	数据属性	设备名称	虚端子号	数据属性
LL01	断路器A相位置	220kV云山1线智能终端-PSIU 601	OUT02	RPIT/QOAXCBR1.POS.stVal	220kV云山1线智能终端-PSL603U	IN01	GOLD/GOINGGI001.DPCS01.stVal
LL02	断路器B相位置	220kV云山1线智能终端-PSIU 601	OUT03	RPIT/QOAXCBR1.POS.stVal	220kV云山1线智能终端-PSL603U	IN02	GOLD/GOINGGI001.DPCS02.stVal
LL03	断路器C相位置	220kV云山1线智能终端-PSIU 601	OUT04	RPIT/QOAXCBR1.POS.stVal	220kV云山1线智能终端-PSL603U	IN03	GOLD/GOINGGI001.DPCS03.stVal

图 5-10　虚端子的配置表

(3) 设计实施。在具体工程设计中，首先，根据本工程的具体配置、技术方案以及原理，完成各电压等级的各类间隔(包括线路、主变、母联等)的 GOOSE 信息流图；其次，根据装置的开发原理，设计装置的虚端子图(由厂家根据应用模型规范完成)；再次，依据 GOOSE 信息流图，在虚端子的基础上设计完成虚端子逻辑连线图；最后，按照逻辑连线，设计完成 GOOSE 配置表。逻辑连线图与 GOOSE 配置表共同组成了智能变电站 GOOSE 配置虚端子设计图。

3) GOOSE 发送接收机制

当装置上电时，GOCB 自动使能并进入发送准备状态。等到装置启动完成后，首先按数据集变位方式发送一次全数据，将自身的 GOOSE 信息初始状态迅速告知接收方。GOOSE 报文变位后立即补发的时间间隔应为 GOOSE 网络通信参数中的 MinTime 参数(即 T_1)；随后按照 GOOSE 固有的重发机制发送报文，而 GOOSE 报文中"timeAllowedtoLive"参数应为"MaxTime"配置参数的 2 倍(即 $2T_0$)，若在 timeAllowedtoLive 的时间内接收方没有收到报文，则立即报 GOOSE 网络中断。

GOOSE 报文接收方在接收到 GOOSE 报文后对按照配置严格检查 AppID、GOID、GOCBRef、DataSet、ConfRev 等参数是否匹配，任何一项参数不匹配就丢弃该报文。GOOSE 报文接收时应考虑网络中断或者发布者装置故障的情况，如图 5-11 所示，以双网通信方式为例，设置一个通信故障标志=((A 网中断与 B 网中断)或配置不一致)，接收到 GOOSE 报文后根据通信故障标志选择接收数据还是预置数据。

由于 GOOSE 报文的发送和接收均通过网络实现，因此网络配置的方式就出现了差异，有单网和双网两种方式，结合智能变电站试点工程建设的实际来看，220kV 及以上电压等

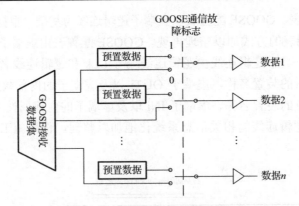

图 5-11 GOOSE 通信故障处理机制

级的 GOOSE 网络通常采用双网模式，而 110kV 及以下电压等级则多采用单网模式。上述单双网是根据全站网络拓扑设计，但针对单个装置或者智能终端，也存在单网口或双网口的模式。单网口是指装置仅有一个网口用于收发，若组成双网则需要两台装置；双网口是指同一台装置有两个不同的网口同时接收报文，若组成双网仅用一台装置即可。针对单网和双网，GOOSE 的接收处理的机制是不同的，具体如下：

(1) 单网接收机制。装置的单网 GOOSE 接收机制，如图 5-12 所示。装置的 GOOSE 接收缓冲区接收到新的 GOOSE 报文，接收方严格检查 GOOSE 报文的相关参数后，首先比较新接收帧和上一帧 GOOSE 报文中的 StNum(状态号)参数是否相等。若两帧 GOOSE 报文的 StNum 相等，继续比较两帧 GOOSE 报文的 SqNum(顺序号)的大小关系，若新接收 GOOSE 帧的 SqNum 大于上一帧的 SqNum，丢弃此 GOOSE 报文，否则更新接收方的数据。若两帧 GOOSE 报文的 StNum 不相等，更新接收方的数据。

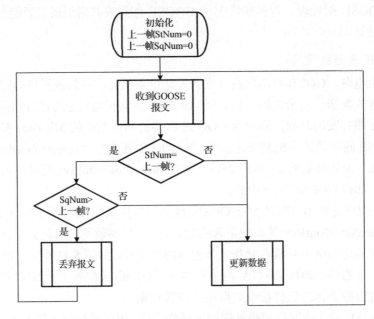

图 5-12 GOOSE 单网接收机制

(2) 双网接收机制。IEC 61850 标准没有考虑任何网络冗余机制，这也体现了标准将通信分层和保持生命力的思想。然而当 GOOSE 机制用于变电站时，仅仅保证快速性是不够的，还需要考虑可靠性。如果网络发生故障甚至瘫痪，变电站将失去应有的保护功能，这会对电力系统的安全稳定运行带来严重后果。

为了提高 GOOSE 通信的可靠性，提出了一种双网冗余机制，在确保 GOOSE 报文快速性的前提下，提供了网络冗余功能，避免因为网络系统故障或者瘫痪导致功能丧失的危险情况发生。

为了保证快速性，采用双网同时工作的双主模式，由接收方来判别是否通信中断、判定是否更新数据。在 IEC 61850 标准中，GOOSE 采用重传机制防止报文丢失，GOOSE 报文中用 StNum 序号的增加表示传输数据的更新，用 SqNum 序号的增加表示重传报文的递增。这种机制充分利用了 StNum 与 SqNum 在数据传输时的关系，进行了有效可靠的判断，见图 5-13，主要分为以下几个步骤。

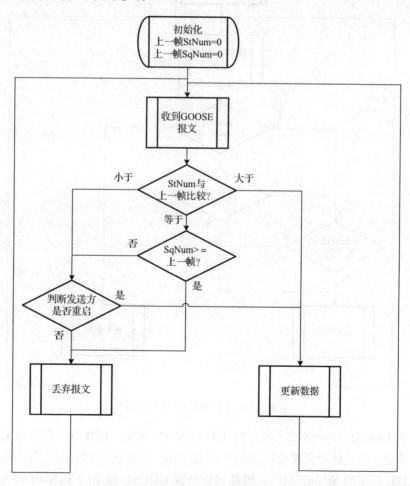

图 5-13　GOOSE 双网冗余机制流程图

将新接收的报文 StNum 与上一帧进行比较：①如果 StNum 大于上一帧报文，则判断是新数据，更新老数据；②如果 StNum 等于上一帧报文再将 SqNum 与上一帧进行比较，如果 SqNum 大于等于上一帧，则判断是重传报文而丢弃；③如果 SqNum 小于上一帧，则判断发送方是否重启装置，是则更新数据，否则丢弃报文；④如果 StNum 小于上一帧报文，则判断发送方是否重启装置，是则更新数据，否则丢弃报文；⑤装置重启判断与各家双网实现方式有关，如果是独立双网，判断条件为：单个网络接收的报文 SqNum 小于上一帧报文。

这种方式通过简单有效的 GOOSE 报文序号组合判断，在确保快速性的同时，提供了可靠的网络冗余机制，有效保障了 GOOSE 报文通信的可靠性，从而提高了将 GOOSE 机制应用于变电站时的可靠性。

装置的双网 GOOSE 接收机制如图 5-14 所示。

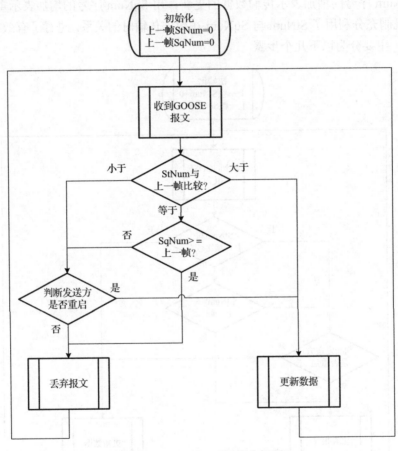

图 5-14 GOOSE 双网接收机制

装置的 GOOSE 接收缓冲区接收到新的 GOOSE 报文，接收方严格检查 GOOSE 报文的相关参数后，首先比较新接收帧和上一帧 GOOSE 报文中的 StNum 参数的大小关系。若两帧 GOOSE 报文的 StNum 相等，继续比较两帧 GOOSE 报文的 SqNum 的大小关系，若新接收 GOOSE 帧的 SqNum 大于等于上一帧的 SqNum，丢弃此 GOOSE 报文。若新接收 GOOSE 帧的 SqNum 小于上一帧的 SqNum，判断出发送方不是重启，则丢弃此报文，否则更新接收方的数据。若新接收 GOOSE 帧的 StNum 小于上一帧的 StNum，判断出发送方不是重启,则丢弃此报文,否则更新接收方的数据。若新接收 GOOSE 帧的 StNum 大于上一帧的 StNum,更新接收方的数据。

5.1.2 网络采样业务

网络采样实际上是一种通过网络传输采样值的技术。采样值是将电流、电压互感器二次输出的模拟值进行 A/D 转换后形成的数字量,是智能变电站保护、测控等功能的基础。由于采用周期性的传送,每次传输的数据量恒定,从而形成稳定的、可计算的网络流量。在 IEC 61850 中采样值被定义为原始数据报文,为了防止影响继电保护的速动性,采样值传输延时应控制在 ms 级别。采样值使用基于以太网组播的发布/订阅模型进行传送,发布者按照配置的采样速率和每帧数据包含的采样点数进行等间隔发送,当接收 SV 报文的订阅者发现报文丢失时,并不要求发布者重新发送,因为获得最新的电压、电流值比重传旧数据更为重要。

采样值传输应用的标准包括 IEC 61850-9-1 标准、IEC 61850-9-2 标准和 IEC 60044-8 标准。根据 2008 年 10 月的投票结果,TC57 工作组推荐采用 IEC 61850-9-2 标准,并已在 2010 年 12 月撤销 IEC 61850-9-1 标准。

1. 通信协议

1)采样值传输模型

采样值传输模型如图 5-15 所示。所交换的信息是基于发布方/订阅机制。在发送侧发

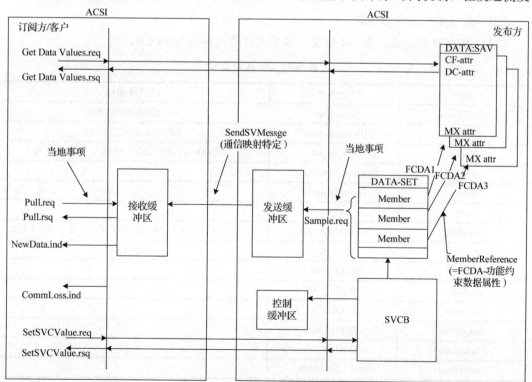

图 5-15 采样值传输模型

布方将值写入当地缓冲区；在接收侧订阅方从当地缓冲区读值。在值上加上时标，订阅方可以校验值是否及时刷新。通信系统负责刷新订阅方的当地缓冲区。发布方的采样值控制块(SVCB)用于控制通信过程。

在一个发布方和一个或多个订阅方之间有两种交换采样值方法，一种方法采用多播采样值(MSVCB)，另一种方法采用单播采样值(USVCB)。

采用多播采样值时，有下述服务映射：

(1) SetSVCValues 代表 SetMSVCBValues)。
(2) SendSVMessage 代表 SendMSVMessage)。
(3) SVCB 类型为 MSVCB。

采用单播采样值时，有下述服务映射：

(1) SetSVCValues 代表 SetUSVCBValues)。
(2) SendSVMessage 代表 SendUSVMessage)。
(3) SVCB 类型为 USVCB。

采样设备按规定的采样率对输入进行采样，由内部或者通过网络实现采样的同步，然后将采样值存入传输缓冲区。网络调度程序将缓冲区的内容通过网络向订阅方发送，采样率为映射特定参数，订阅方将采样值存入对应的接收缓冲区，并通知上层的应用程序。

采样值传输模型提供了一种订阅方能检出采样丢失的机制，例如，由于通信网络的问题不能传输采样值，发布方能删除这些采样值。

2) 采用多播的采样值传输

(1) MSVCB 类定义。表 5-4 定义了多播采样值控制块 MSVCB。

表 5-4 MSVCB 定义

属性名	属性类型	值/值域/解释
MsvCBName	ObjectName	MSVCB 实例的实例名
MsvCBRef	ObjectReference	MSVCB 实例的路径名
SvEna	BOOLEAN	使能(TRUE)|停止使能(FALSE)，缺省 FALSE
MsvID	VISIBLE STRING129	
DatSet	ObjectReference	
ConfRev	INT32U	
SmpMod	ENUMERATED	每额定周期采样个数(缺省值)|每秒采样个数|每采样点秒数
SmpRate	INT16U	(0..MAX)
OptFlds	PACKED LIST	
refresh-time	BOOLEAN	
reserved	BOOLEAN	
sample-rate	BOOLEAN	
data-set-name	BOOLEAN	
DstAddress	PHYCOMADDR	

MsvCBName 表示多播采样值控制块名，唯一地标识 LLN0 作用域内的 MSVCB。

MsvCBRef 表示多播采样值控制块引用，是 LLN0 内的 MSVCB 唯一路径名，其格式如图 5-16 所示。

LDName/LLN0.MsvCBName

图 5-16　MsvCBRef 格式

SvEna 表示采样值使能，SvEna 属性设置为 TRUE 表示当前 MSVCB 被使能发送 MSVCB 的值。SvEna 属性设置为 FALSE 表示 MSVCB 停止发送值。当 SvEna 为 TRUE 时（MSVCB 使能），除了设置为停止使能之外，不得改变 MSVCB 其他属性值。

MsvID 表示多播采样值标识符，MsvID 属性为和采样值的刷新有关的采样值缓冲区唯一标识。依赖于报文定义例如由控制块选项域定义，它不可能通过控制块引用唯一的标识 SV（采样值）控制。因此必须提供标准化控制属性，允许系统配置过程能唯一地标识变电站作用域内的控制。

DatSet 表示数据集引用，DatSet 属性规定数据集引用，用 MSVCB 报文传输数据集成员值。

ConfRev 表示配置版本号，ConfRev 属性包括有关 MSVCB 配置改变次数的计数值。如下改变均进行计数：

① 删除数据集成员。
② 数据集成员重新排序。
③ MSVCB 的属性值（MsvID，DatSet，SmpMod，SmpRate，OptFlds）任何改变。

配置改变时，ConfRev 计数值加 1。ConfRev 的初始值 0 为保留值。IED 重新启动不复位 ConfRev 值。不允许由于服务处理改变数据集的配置。

SmpMod 表示采样模式，SmpMod 属性规定采样率的单位，定义为：每个额定周期采样次数、每秒采样次数、每个采样点秒数。缺省值为每个周期采样点数。

SmpRate 表示采样率，SmpRate 属性规定采样率，依赖于 SmpMod 的值来解释 SmpRate 值的含义。

OptFlds 表示包含在 SV 报文中的选项域，OptFlds 属性为客户特定选项域，它包含在由 MSVCB 发出的 SV（采样值）报文中。属性定义包含在 SV 报文中的选项标题域的子集：

① RefrTm（刷新时间，刷新活动时间）。
② SmpRate（取自 MSVCB 实例的采样率和采样模式）。
③ DatSet（数据集名）。
④ DstAddress（目的地址），DstAddress 属性为特定寻址信息，如介质访问地址、优先级和其他信息。

（2）多播采样值服务。MSVCB 服务定义如表 5-5 所示。

表 5-5　MSVCB 服务定义

服务	描述
SendMSVMessage	发送 MSV（多播采样值）报文
GetMSVCBValues	获取 MSVCB（多播采样值控制块）的属性
SetMSVCBValues	写 MSVCB 的属性

① 发送多播采样值报文。MSV 报文参数规定 MSVCB 所引用的数据集成员值，规定了抽象采样值缓存格式()，MSV 报文具体格式在 SCSM 中定义。

② 读多播采样值控制块值服务。客户采用 GetMSVCBValues 服务获取 MSVCB 的属性值，MSVCB 由所引用的 LLN0 对请求客户变为可见，从而可访问，如图 5-17 所示。

Request 表示请求服务。Response+表示肯定响应，指明服务请求成功。Response–表示否定响应，指明服务请求失败，返回相应 ServiceError。

MsvCBReference 表示多播采样值控制块引用，MsvCBReference 的服务参数为 LDName/LLN0.MsvCBName。

参数名
Request
MsvCBReference
Response+
SvEnable
MulticastSampleValueID
DataSetReference
ConfigurationRevision
SampleMode[0..1]
SampleRate
OptionalFields
DestinationAddress[0..1]
Response–
ServiceError

图 5-17 GetMSVCBValues 服务参数名

SvEnable 表示采样值使能，SvEnable 参数包含所引用 MSVCB 的相应 SvEna 属性值。

MulticastSampleValueID 表示多播采样值标识符，MulticastSampleValueID 参数包含所引用 MSVCB 的相应 MsvID 属性值。

DataSetReferenc 表示数据集引用，DataSetReference 参数包含所引用 MSVCB 的相应 DatSet 属性值。

ConfigurationRevision 表示配置版本号，ConfigurationRevision 参数包含所引用 MSVCB 的相应 ConfRev 属性值。

SampleMode[0..1] 表示采样模式，SampleMode 参数包含所引用 MSVCB 的相应 SmpMod 属性值。在没有此值的情况下，缺省值采用每周期采样次数。

SampleRate 表示采样率，SampleRate 参数包含所引用 MSVCB 的相应 SmpRate 属性。

OptionalFields 表示选项域，OptionalFields 参数包含所引用 MSVCB 的相应 OptFlds 属性。

DestinationAddress 表示目的地址，DestinationAddress 参数包含所引用 MSVCB 的相应 DstAddress 属性。

③ 设置多播采样值控制块值。客户采用 SetMSVCBValues 服务设置 MSVCB 的属性值，MSVCB 由所引用的 LLN0 对请求客户变成可见并因此可访问，如图 5-18 所示。

Request 表示请求服务。Response+表示肯定响应，指明服务请求成功。Response–表示否定响应，指明服务请求失败，返回相应 ServiceError。

MsvCBReference 表示多播采样值控制块引用，MsvCBReference 的服务参数为 LDName/LLN0.MsvCBName。

参数名
Request
MsvCBReference
SvEnable[0..1]
MulticastSampleValueID[0..1]
DataSetReference[0..1]
SampleMode[0..1]
SampleRate[0..1]
OptionalFieds[0..1]
Response+
Response–
ServiceError

图 5-18 SetMSVCBValues 服务参数名

SvEnable[0..1] 表示采样值使能，SvEnable 参数包含所引用 MSVCB 的相应 SvEna 属性值。

MulticastSampleValueID[0..1] 表示多播采样值标识符，MulticastSampleValueID 参数包含所引用 MSVCB 的相应 MsvID 属性值。

DataSetReference[0..1] 表示数据集引用，DataSetReference 参数包含所引用 MSVCB 的相应 DatSet 属性值。

SampleMode[0..1] 表示采样模式，SampleMode 参数包含所引用 MSVCB 的相应 SmpMode 属性值。

SampleRate[0..1] 表示采样率，SampleRate 参数包含所引用 MSVCB 的相应 SmpRate 属性值。

OptionalFields[0..1] 表示选项域，OptionalFields 参数包含所引用 MSVCB 的相应 OptFlds 属性值。

如果 MSVCB 使能，服务发出除了设置 SvEnable 之外，设置任何其他属性，将返回服务失败。

3) 采用单波的采样值传输

(1) USVCB 类定义。采用单播采样值传输是基于双边应用关联。订阅方和采样值产生者建立关联。订阅方配置控制块类实例，用 SvEna 属性使能采样值传输。当关联释放，停止采样值传输，并释放控制块类实例。

单播采样值控制块 USVCB 定义见表 5-6。

表 5-6 USVCB 定义

属性名	属性类型	值/值域/解释
UsvCBName	ObjectName	UNICAST-SVC 实例的实例名
UsvCBRef	ObjectReference	UNIICAST-SVC 实例的路径名
SvEna	BOOLEAN	使能(TRUE) | 停止使能(FALSE)，缺省 FALSE
Resv	BOOLEAN	
UsvID	VISIBLE STRING129	
DatSet	ObjectReference	
ConfRev	INT32U	
SmpMod	ENUMERATED	每额定周期采样个数(缺省值) | 每秒采样个数 | 每采样点秒数
SmpRate	INT16U	(0..MAX)
OptFlds	PACKED LIST	
refresh-time	BOOLEAN	
reserved	BOOLEAN	
sample-rate	BOOLEAN	
data-set-name	BOOLEAN	
DstAddress	PHYCOMADDR	

UsvCBName 表示单播采样值控制块名，UsvCBName 属性唯一地标识 LLN0 作用域内的 USVCB。

UsvCBRef 表示单播采样值控制块引用，UsvCBRef 属性为 LLN0 内的 USVCB 唯一路径名，格式如图 5-19 所示。

$$\boxed{\text{LDName/LLN0.UsvCBName}}$$

图 5-19　UsvCBRef 格式

SvEna 表示采样值使能，SvEna 属性设置为 TRUE 表示当前 USVCB 使能发送 USVCB 的值。SvEna 属性设置为 FALSE 表示 USVCB 停止发送报告。当为 TRUE 时（USVCB 使能），除了设置为停止使能之外，不得改变 USVCB 其他属性值。如果客户已建立双边应用关联并使 USVCB，双边应用关联又断开，USVCB 将设置属性 SvEna 为 FALSE。

Resv 表示保留 USVCB，Resv 属性（如设置为 TRUE）指明当前 USVCB 唯一地为某个已将其值设置为 TRUE 的客户保留。其他客户不允许设置这个 USVCB 的任何属性。如客户已设置 Resv 为 TRUE，且连接已断开，USVCB 将设置 Resv 为 FALSE。这个 Resv 属性功能为 USVCB 的配置、使能和停止使能的信标。

UsvID 表示单播采样值标识符，UsvID 属性是采样源的唯一标识。

DatSet 表示数据集引用，DatSet 属性规定数据集引用，数据集成员值在 USVCB 报文中传输。

ConfRev 表示配置版本号，ConfRev 参数包括有关 USVCB 改变配置次数的计数值。如下改变均进行计数：

① 删除数据集成员。

② 数据集成员重新排序。

③ USVCB 的任何属性（UsvID、DatSet、SmpMod、SmpRate、OptFlds）值改变，USVCB 属性的功能约束为 US。

配置改变时，ConfRev 计数值加 1。ConfRev 的初始值 0 保留。IED 重新启动不复位 ConfRev 值。不允许由于服务处理改变 DatSet 的配置。

SmpMod 表示采样模式，SmpMod 属性规定采样率的单位定义为：每个额定周期采样次数、每秒采样次数、每个采样点秒数。缺省值为每个周期采样点数。

SmpRate 表示采样率，SmpRate 属性规定采样率，依赖于 SmpMod 的值来解释 SmpRate 值的含义。

OptFlds 表示包含在 SV 报文中的选项域，OptFlds 属性为客户特定选项域，它包含在由 USVCB 发出的 SV 报文中。属性定义包含在 SV 报文中的选项标题域的子集：

RefrTm 表示刷新时间，SmpRate（取自 USVCB 实例的采样率和采样模式）

DstAddress 表示目的地址，DstAddress 属性为 SCSM 特定寻址信息，如介质访问地址、优先级和其他信息。

（2）单播采样值服务。USVCB 服务定义如表 5-7 所示。

① 发送单播采样值报文。由 USVCB 使用 SendUSVCMessage 服务从服务器向客户通过 TWO-PARTY-APPLICATION- ASSOCIATION 发送采样值，如图 5-20 所示。

第5章 基于 SDN 的智能变电站通信网络业务承载

表 5-7 USVCB 服务定义

服务	描述
SendUSVMessage	发送 USV(单播采样值)报文
GetUSVCBValues	获取 USVCB(单播采样值控制块)的属性
SetUSVCBValues	写 USVCB 的属性

USV 报文参数规定 USVCB 的所引用数据集的成员值,USV 报文具体格式在 SCSM 中定义。

② 读单播采样值控制块值。客户采用 GetUSVCBValues 服务获取 USVCB 的属性值,USVCB 由所引用的 LLN0 对请求客户变成可见并因此可访问,如图 5-21 所示。

参数名
Request
USV message

图 5-20 SendUSVCMessage 服务参数名

参数名
Request
UsvCBReference
Response+
SvEnable
CBReserved
UnicastSampleValueID
DataSetReference
ConfigurationRevision
SampleMode[0..1]
SampleRate
OptionalFields[0..1]
DestinationAddress[0..1]
Response–
ServiceError

图 5-21 GetUSVCBValues 服务

Request 表示请求服务。Response+表示肯定响应,指明服务请求成功。Response–表示否定响应,指明服务请求失败,返回相应 ServiceError。

UsvCBReference 表示 UsvCB 引用,UsvCBReference 的服务参数为 LDName/LLN0.UsvCBName。

SvEnable 表示采样值使能,SvEnable 参数包含所引用 USVCB 的相应 SvEna 属性值。

CBReserved 表示控制块被保留,CBReserved 参数包含所引用 USVCB 的相应 Resv 属性值。

UnicastSampleValueID 表示单播采样值标识符,UnicastSampleValueID 参数包含所引用 USVCB 的相应 UsvID 属性值。

DataSetReferenc 表示数据集引用,DataSetReference 参数包含所引用 USVCB 的相应 DatSet 属性值。

ConfigurationRevision 表示配置版本号,ConfigurationRevision 参数包含所引用 USVCB 的相应 ConfRev 属性值。

SampleMode[0..1] 表示采样模式,SampleMode 参数包含所引用的 USVCB 的相应 SmpMod 属性值。在没有此值的情况下,缺省值采用每周期采样次数。

SampleRate 表示采样率,SampleRate 参数包含所引用的 USVCB 的相应 SmpRate 属性值

OptionalFields[0..1] 表示包含在采样值报文中的选项域,OptionalFields 参数包含所引用 USVCB 的相应 OptFlds 属性值。

DestinationAddress[0..1] 表示目的地址,DestinationAddress 参数包含所引用 USVCB 的相应 DstAddress 属性值。

③ 设置单播采样值控制块值。客户采用 SetUSVCBValues 服务设置 USVCB 的属性值,USVCB 由所引用的 LLN0 对请求客户变成可见并因此可访问,如图 5-22 所示。

参数名
Request
UsvCBReference
SvEnable[0..1]
CBReserved[0..1]
UnicastSampleValueID[0..1]
DataSetReference[0..1]
SampleMode[0..1]
SampleRate[0..1]
OptionalFields[0..1]
Response+
Response−
ServiceError

图 5-22 SetUSVCBValues 服务参数名

Request 表示请求服务。Response+表示肯定响应,指明服务请求成功。Response−表示否定响应,指明服务请求失败,返回相应 ServiceError。

UsvCReference 表示 UsvC 引用,UsvCReference 的服务参数为 LDName/LLN0.UsvCBName。

SvEnable[0..1] 表示采样值使能,SvEnable 参数包含所引用 USVCB 的相应 SvEna 属性值。

CBReserved[0..1] 表示控制块被保留,CBReserved 参数包含所引用 USVCB 的相应 Resv 属性值。

UnicastSampleValueID[0..1] 表示单播采样值标识符,UnicastSampleValueID 参数包含所引用 USVCB 的相应 UsvID 属性值。

DataSetReference[0..1] 表示数据集引用,DataSetReference 参数包含所引用 USVCB 的相应 DatSet 属性值。

SampleMode[0..1] 表示采样模式,SampleMode 参数包含所引用 USVCB 的相应 SmpMode 属性值。

SampleRate[0..1] 表示采样率,SampleRate 参数包含所引用 USVCB 的相应 SmpRate 属性值。

OptionalFields[0..1] 表示包含在采样值报文中的选项域,OptionalFields 参数包含所引用 USVCB 的相应 OptFlds 属性值。

当 USVCB 使能时,除了 SvEnable 之外,发出设置 USVCB 任何其他属性的服务将返回服务失败。

4)采样值格式

用于采样值报文的抽象采样值格式如表 5-8 所示。

MsvID 表示多播采样值标识符,UsvID 表示单播采样值标识符。MsvID 或 UsvID 参数在采样值报文中包含 MsvID 或 UsvID 属性值,MsvID 或 UsvID 属性值取自 MSVCB 或 USVCB。

表 5-8 采样值(SV)格式定义

采样值格式		
参数名	参数类型	值/值域/解释
MsvID 或 UsvID	VISIBLE STRING129	取自 MSVCB 或 USVCB 的值
OptFlds	a	包含在采样值报文中的选项域
DatSet	ObjectReference	选项,取自 MSVCB 或 USVCB 的值
Sample[1..n]		
Value	(*)	(*)由 MSVCB 或 USVCB 所引用的数据集的实例的成员值。值的类型典型地属于公用数据类 SAV(采样模拟值),如果采用特定采样率,可以是在 DL/T 860.73 中定义的任何其他 CDC(公用数据类)的过程值
SmpCnt	INT16U	采样计数器
RefrTm	TimeStamp	选项;刷新时间
ConfRev	INT32U	取自 MSVCB 或 USVCB 实例配置版本号
SmpSynch	INT8U	采样由时钟信号同步
SmpRate	INT16U	选项;取自 MSVCB 或 USVCB 实例采样率
SmpMod	ENUMERATED	选项,取自 MSVCB 或 USVCB 实例采样模式;如仅发送 SmpRate,隐含 SmpMod 是每个周期采样个数
Simulation	BOOLEAN	TRUE(仿真或测试值)|FALSE(运行值)

OptFlds 表示选项域,OptFlds 参数规定选项域(RefrTm、SmpRate、SmpMod 和 DatSet)的哪些成员包含在采样值报文中。例如,采样值控制块的 OptFlds 属性 refresh-time(刷新时间)为 TRUE ,则 RefrTm 将包含在采样值报文中。OptFlds 参数取自 MSVCB 或 USVCB 各自的 OptFlds 属性。

DatSet 表示数据集引用,DatSet 参数包含 data-set 的 ObjectReference,其成员值在报文中传输。

Sample[1..n] 表示采样值,Sample 参数包含给定时间采样的数据集成员的值。

SmpCnt 表示采样计数器,SmpCnt 参数包含计数器的值,每一次模拟值进行一次新的采样,采样计数器加 1。采样值保持一个正确的顺序。如果计数器用于指明各种采样值的时间一致性,计数器将由外部同步事件进行复位。

RefrTm 表示刷新时间,RefrTm 参数包含的时间为传输缓冲区当地刷新的时间。在 SCSM 中定义 RefrTm 的语义。订阅方可用这个时间校核数据对象值的有效性。

ConfRev 表示配置版本参数,ConfRev 包含 MsvCB 或 UsvCB 的 ConfRev 属性值。

SmpSynch 表示采样同步参数,SmpSynch 指明由 MsvCB 或 UsvCB 发送的采样模拟值是否由时钟信号同步。将采用如下值:

  0 = 指出采样模拟值没有被外部时钟信号同步。
  1 = 指出采样模拟值由当地时钟信号同步。
  2 = 指出采样模拟值是由全球时钟信号同步。

SmpRate 表示采样率,SmpRate 参数包含 MsvID 或 UsvID 的 SmpRate 属性值。

SmpMod 表示采样模式,SmpMod 参数包含 MsvID 或 UsvID 的 SmpMod 属性值。

Simulation 表示仿真，Simulation 参数值为 TRUE 表示报文和其值是由仿真单元发出。订阅方将仿真报文的值报告给它的应用以代替"实际"报文，这决定于接收 IED 的设置。由 DLT860.74 中定义的数据对象规定 IED 的仿真特性的设置。

5) 采样值数据帧

在具体实现时，采样值报文的抽象采样值格式通过特定映射服务映射到 ISO/IEC 8802-3，具体方式是将抽象采样值格式中的各个元素（控制模块名称和索引除外）经过 ASN.1 编码后的数值替换 APDU 部分的内容，由于数据集的定义是可以随意更改的，因而其报文的长度灵活多变。

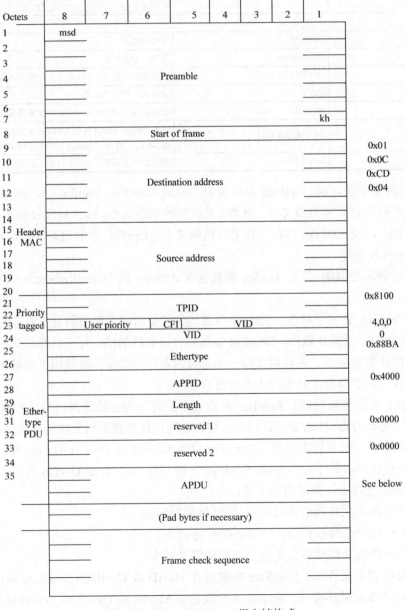

图 5-23　ISO/IEC 8802-3 报文帧格式

APPID 表示应用标识,在同一系统中采用唯一标识,面向数据源的标识。为采样值保留的 APPID 值范围是 0x4000~0x7FFF。可以根据报文中的 APPID 来确定唯一的采样值控制块。

Length 表示长度,即从 APPID 开始的字节数。

APDU 表示应用协议数据单元,该序列包括 32 位的循环冗余校验(CRC)值,由发送 MAC 方生成,通过接收 MAC 方进行计算得出,以校验被破坏的帧。

2. 配置与传输过程

1) 采样模型

采样值通信模型的设计方法和间隔层保护测控 IED(支持 IEC 61850 标准)一样,数据模型的获取是通过配置文件来获得,相应配置文件的例子可以参考 IEC 61850-9-2LE。合并单元的抽象数据结构列出,如图 5-24 所示。

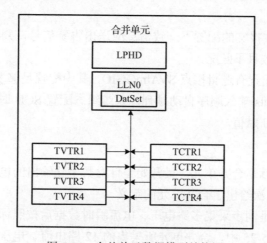

图 5-24 合并单元数据模型结构图

由图 5-24 可以看出,合并单元内部的逻辑节点主要由 LPHD(逻辑物理设备)、LLN0(零逻辑节点)、TCTR(电流互感器)、TVTR(电压互感器)组成,为了清晰展示,图 5-24 的电流、电压互感器均带有具体实例名,即节点后的编号,而数据集则定义了 8 个互感器的采样值,当然,上述模型的建立主要还是依照 9-2LE 来建立,因而显得相对要简单一些。若采用 9-2LE 的要求,逻辑节点和数据集可以任意定义,因而其灵活性也较大,在工程应用中不同厂家之间的区别也就越大,互操作的难度就更大,因而 9-2LE 提供了一个参考,便于工程运用。

ICD 文件中应预先定义 SV 控制块,系统配置工具应确保 SMVID、APPID 参数的唯一性。

各装置应在 ICD 文件中预先定义采样值访问点 M1,并配置采样值发送数据集。

通信地址参数由系统组态统一配置,装置根据 SCD 文件的通信配置具体实现 SV 功能。

采样值输出数据集应为 FCD,数据集成员统一为每个采样值的 i 和 q 属性。

合并单元装置应在 ICD 文件中预先配置满足工程需要的采样值数据集。

合并单元装置若需发送通道延时，宜配置在采样值数据集的第一个 FCD。若需发送双 AD 的采样值，双 AD 宜配置相同的 TCTR 或 TVTR 实例，且在采样值数据集中双 AD 的 DO 宜按"AABBCC"顺序连续排放。

SV 输入采用虚端子模型。SV 输入虚端子模型为包含"SVIN"关键字前缀的 GGIO 逻辑节点实例中定义一类数据对象：AnIn(整形输入)，DO 的描述和 dU 可以明确描述该信号的含义，作为 SV 连线的依据。装置 SV 输入进行分组时，可采用不同 GGIO 实例号来区分。

在 SCD 文件中每个装置的 LLN0 逻辑节点中的 Inputs 部分定义了该装置输入的采样值连线，每一个采样值连线包含了装置内部输入虚端子信号和外部装置的输出信号信息，虚端子与每个外部输出采样值为一一对应关系。Extref 中的 IntAddr 描述了内部输入采样值的引用地址，应填写与之相对应的以"SVIN"为前缀的 GGIO 中 DO 信号的引用名，引用地址的格式为"LD/LN.DO"。

保护装置的接收采样值异常应送出告警信号，设置对应合并单元的采样值无效和采样值报文丢帧告警。

SV 通信时对接收报文的配置不一致信息应送出告警信号，判断条件为配置版本号、ASDU 数目及采样值数目不匹配。

ICD 文件中，应配置有逻辑接点 SVAlmGGIO，其中配置足够多的 Alm 用于 SV 告警，SV 告警模型应按 Inputs 输入顺序自动排列，系统组态配置 SCD 时添加与 SV 配置相关的 Alm 的 desc 描述和 dU 赋值。

2) 采样设备

网络采样的设备就是合并单元，最开始是针对数字化输出的电子式互感器而定义的，在 IEC 60044-7/8 中首次给出了合并单元的定义。

合并单元的作用是同步采集多路电压、电流瞬时数据后按照标准规定的格式发送给保护、测控设备。在图 5-25 中，合并单元所采集的 12 路电流、电压信号均有明确的定义，合并单元将这些信息组帧发送给保护、控制等二次设备。值得注意的是，标准没有要求合并单元必须接入所有 12 路电压、电流，但若没有完全接入，必须在其提供给二次设备的信息中包含相应的状态标志位。

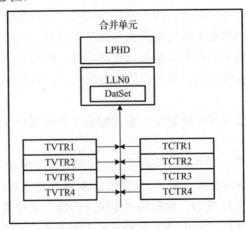

图 5-25　合并单元接口示例

一般而言，合并单元实现网络采样的功能包括以下几个方面。

(1) 采集电压、电流瞬时数据。如果合并单元与电子式互感器接口，其通过光纤实时接收电子式互感器输出的采样值报文。值得一提的是，目前还没有标准规定从电子式互感器到合并单元的数据格式。如果合并单元与常规互感器接口，则其通过装置内部 AD 直接采集电压电流瞬时值。

(2) 采样值有效性处理。与电子式互感器接口时，合并单元应具有对电子式互感器采样值有效性(失步、失真、接收数据周期等)的判别，对故障数据事件进行记录。

(3) 采样值输出。合并单元按照 IEC 61850 标准规定的数据格式通过以太网向保护、测控、计量、录波、PMU 等智能电子设备输出采样值，同时提供符合 DL/T860 规范的 ICD 文件。合并单元输出的信息中不仅包含采样数据，还应包含整体的采样响应延时、数据有效性等。

(4) 时钟同步及守时。合并单元应接收外部基准时钟的同步信号并具有守时功能。合并单元一般采用同步法同步电子互感器的采样数据，在采用同步法时需向电子式互感器提供使用的同步采样脉冲。

(5) 设备自检及指示。合并单元应能对装置本身的硬件或通信状态进行自检，并能对自检事件进行记录；具有掉电保持功能，并通过直观的方式显示。记录的事件包括电子互感器通道故障、时钟失效、网络中断、参数配置改变等重要事件。

(6) 电压并列。对于接入了两段及以上母线电压的母线电压合并单元，母线电压并列功能宜由合并单元完成，合并单元通过 GOOSE 网络获取断路器、刀闸位置信息，实现电压并列功能。

3) 采样收发

采样数据传输时最关键的问题是传输延时和报文丢点。采样数据传输延时是指 IEC 61850-9-2 采样报文通过网络交换机传输时，由于交换机固有延时、网络报文的排队延时以及交换机的存储转发延时等因素导致报文从合并单元发出后要经过一定的延时才能到达保护装置。以 80 点/周波采样为例，采样报文发送的时间间隔为 $250\mu s$，由于合并单元自身报文发送存在一定的离散性，再加上网络的传输延时，这就使得到达保护装置的时间存在一定的离散性。以现场网络报文分析仪抓取的报文来看，其报文之间的偏差最大有 $20\mu s$ 左右，这就给保护装置对采样数据的处理提出了新的问题。即当保护装置处理采样数据时，可能存在报文还没有到达的情况，为此，针对网络采样，保护装置的采样接收处理环节需要进行改进，可以通过延迟一个采样间隔的方式来实现，即每次处理的数据全部都是上一采样点的数据，以预留 $250\mu s$ 左右的时间防止采样数据传输延时导致的报文处理问题。

合并单元采样报文的丢失是另一个较为常见的问题，产生的原因有很多，如合并单元故障、交换机异常、网络阻塞等各类原因。当然，由于合并单元对时同步的问题，当长时间对时信号丢失后，虽然合并单元自身具有一定的守时功能，但经过数小时后其对时精度恐已达到要求的边界，此时一旦外部对时信号恢复，合并单元会逐步调整对时误差，甚至会出现采样点号跳变的问题，这对于保护来讲也类似于报文丢失。

为有效解决采样丢失的问题，保护装置需要对采样数据进行插值，插值常用的方法有拉格朗日插值、牛顿插值、差商插值等方法。从计算速度和处理的复杂程度考虑，建议使用拉格朗日插值。拉格朗日插值公式为

$$P_n(x) = \sum_{k=0}^{n} \left(\prod_{\substack{j=0 \\ j \neq k}}^{n} \frac{x - x_j}{x_k - x_j} \right) y_k \tag{5-1}$$

余项式有

$$R_n(x) = \frac{f^{(n+1)}(\xi)}{(n+1)!} \omega_{n+1}(x) \tag{5-2}$$

参与插值的顺序排列离散数据点个数 n 值越大，其曲线拟合程度越好，插值结果精度越高。但是 n 值越大，数据窗越长，数据接收等待时间就越长，数据运算量也会随之以指数倍增加。而且在实际应用中发现，值越大，数值稳定性越差。因此，实际工程应用大多采用 2 点线性插值或 3 点抛物线插值。

由于装置多采用 32 点/周波的傅里叶算法，因此，尽管合并单元的采样频率多为 80 点/周波及以上，但装置在接收到这些数据时会再次进行差值计算，将其转换成 32 点进行逻辑计算，因此对于偶尔丢失一点，通过插值可以对其进行补充，并不影响采样的精度，但对于采样设备或者网络异常导致的连续丢点，保护装置则需要有其自身的处理方法。当连续出现多个采样点的丢失后并且无法通过插值进行弥补时，可以认为此时的采样数据已经不能够满足精度要求，应立即告警并闭锁相应的保护出口。

为了确保智能变电站测量和保护功能的可靠性，网络采样技术需要在可靠性方面做很多的工作，具体如下。

(1)应由两路独立的采样系统进行采集，每路采样系统应采用双 A/D 系统，每个合并单元输出两路数字采样值由同一路通道进入一套保护装置。

(2)合并单元发送给保护、测控的采样值频率应为 4kHz，SV 报文中每 1 个 APDU 部分配置 1 个 ASDU，发送频率应固定不变。

(3)电压采样值为 32 位整型，1LSB=10mV，电流采样值为 32 位整型，1LSB=1mA。

(4)采用直接采样方式的所有 SV 网口或 SV、GOOSE 共用网口报文应同时发送，除源 MAC 地址外，报文内容应完全一致，系统配置时不必体现物理网口差异。

(5)接收方应严格检查 AppID、SMVID、ConfRev 等参数是否匹配。

(6)SV 采样值报文接收方应根据收到的报文和采样值接收控制块的配置信息，判断报文配置不一致、丢帧、编码错误等异常出错情况，并给出相应告警信号。

(7)SV 采样值报文接收方应根据采样值数据对应的品质中的 validity、test 位，来判断采样数据是否有效，以及是否为检修状态下的采样数据。

(8)SV 中断后，该通道采样数据清零。

4)采样同步

智能变电站的各种测量与保护装置普遍要求交流数据量的同步采样，这对于电力系统继电保护、故障判断、系统稳定分析等都具有重要意义，因为只有保证所有数据是同一时

刻的，才能够最大限度地确保计算结果的正确性。传统变电站中，采样脉冲都是在装置内部时钟的控制下产生的。对于网络采样来说，由于通信传输过程中的延时，采样同步是一个很大的难题。

时间同步是利用公共时钟脉冲的同步方法，各个合并单元必须接入公共时钟源，并按照时钟输入信号给定的状态获取采样数据并按照特定格式输出采样数据，保护装置同样接收公共时钟源信息，从而获得同一时刻各个合并单元的采样数据，实现采样同步。

目前，在变电站中一般采用硬接线方式实现时间同步，可以达到比较高的同步精度。硬接线时间同步方式需要全站有统一的时钟源，定时发送同步信号；但并不要求时钟源使用绝对时间，即不是必须使用类似 GPS 授时的方式。一些数字化变电站中使用 IEEE 1588 实现时间同步，通过精确时间同步协议(PTP)方式实现同步源与各个装置的同步，同步精度更高。但相比硬接线同步方式，IEEE 1588 同步需要使用绝对时间戳，即需要为时钟源提供类似 GPS 精确授时。

对于同间隔内采集电压电流的合并单元，电压和电流之间并不存在同步问题，之所以仍然强调时钟同步，主要是针对合并单元和线路保护装置之间的时钟同步，由此可以有效保证保护装置处理采样数据的内部时钟和合并单元时钟步伐的同步，以确保数据处理的同步性和准确性。

对于跨间隔合并单元数据的采集，如上所述外部母线合并单元电压的接入，此时数据同步的目的就在于保证两个间隔合并单元数据采集的同步性，以确保数据级联时电流和电压来自同一时刻的采样，以减少接收方处理数据对齐的工作。

合并单元正常情况下对时精度的要求是 ±1μs，守时精度范围 ±4μs。在这一条件下，一般会要求合并单元采样点和外部时钟同步信号进行同步，外部的时钟通常用 IRIG-B 或秒脉冲。在同步秒脉冲时刻，将采样点的样本计数翻转置 0。

当外部同步信号失去时，合并单元利用内部时钟进行守时。当守时精度能够满足同步要求时，采样值报文中的同步标识位"SmpSynch"为 TRUE。当守时精度不能够满足同步要求时，采样值报文中的同步标识位"SmpSynch"为 FALSE。并且在外部同步时钟失去时，合并单元产生"授时异常"的告警信号。

无论合并单元是否在同步状态，采样值报文中的样本计数均在(0，采样率-1)的范围内正常翻转，以 4kHz 的采样频率(80 点/周波)为例，采样计算器在 0～3999 范围内正常翻转。

对于接收网络采样数据的间隔层装置来说，点对点直接采样插值同步的保护在合并单元失步时不应告警，但对于通过网络采样的保护，在守时误差超过精度要求时应告警采样同步丢失。

合并单元失步后再同步，其采样周期调整步长一般不大于 1μs。采样序号在采样周期调整完毕后跳变，同时合并单元输出的数据帧同步位由不同步转为同步状态。

5) 数据级联

当本间隔的合并单元需要其他间隔合并单元的传输数据时，这就需要对数据进行级联。数据级联的方式有多种选择，可以通过 IEC 60044-8 进行级联，也可通过 IEC 61850-9-2(简称 9-2)进行级联。

当线路间隔的合并单元接收到母线合并单元的电压后，需要选择一方作为时钟基准，通常的做法是以数据合并方为基准,即以线路间隔内的合并单元为同步基准。通过对比自身和合并单元内的采样计算器和外部接收数据的采样计算器进行对齐,之后将数据进行融合形成新的 9-2 报文。

3. 采样接入方式

虽然网络采样都是基于 IEC 61850-9-2 或者 IEC 61850-9-2LE 标准实现,但在数据采集的方式存在着差异,这是由于需要的缘故,因此针对智能变电站应用就存在传统互感器与合并单元组合实现网络采样和电子式互感器与合并单元组合实现网络采样两种方式。针对实际工程应用中现场布置的方式,也可将采样分为组屏安装和现场就地安装两种方式,这两种方式目前都在智能变电站工程建设中得到应用,且在 110～750kV 不同电压等级的变电站都有涉及。

1) 电子式互感器接入合并单元

电子式互感器是利用电磁感应或光电感应等原理感应被测信号并进行高精度测量的仪器,与常规互感器相比,在原理上具有十分明显的优势。

(1) 高低压完全隔离,安全性高,具有优良的绝缘性能,不含铁心,消除了磁饱和及铁磁谐振等问题。电磁互感器的被测信号与二次线圈之间通过铁心耦合,绝缘结构复杂,其造价随电压等级呈指数关系上升。非常规互感器将高压侧信号通过绝缘性能很好的光纤传输到二次设备,这使得其绝缘结构大大简化。

(2) 没有因充油而潜在的易燃、易爆炸等危险。非常规互感器的绝缘结构相对简单,一般不采用油作为绝缘介质,不会引起火灾和爆炸等危险。

(3) 动态范围大,测量精度高,频率响应范围宽。电网正常运行时电流互感器流过的电流不大,但短路电流一般很大,而且随着电网容量的增加,短路电流越来越大。非常规互感器有很宽的动态范围,可同时满足测量和继电保护的需要。

(4) 抗电磁干扰性能好,低压侧无开路高压危险。非常规互感器的高压侧和低压侧之间只存在光纤联系,信号通过光纤传输,高压回路与二次回路在电气上完全隔离,互感器具有较好的抗电磁干扰能力,低压侧无开路引起的高电压危险。

(5) 数据传输抗干扰能力强。电磁式互感器传送的是模拟信号,电站中的测量、控制和继电保护传统上都是通过同轴电缆将电气传感器测量的电信号传输到控制室。

(6) 体积小、重量轻。非常规互感器无铁心,其重量较相同电压等级的电磁式互感器要小很多。

合并单元最初就是为了配合电子式互感器而诞生的,它与电子式互感器的接口如图 5-26 所示。

由图 5-26 可以看出,合并单元与电子式互感器接口时,信号采集是由电子式互感器完成的。合并单元的主要功能是对电子式互感器传输数据的解码并组帧发送给测控、保护等装置。而其与常规互感器接口时,信号采集是由合并单元完成的,合并单元采集经过小 PT、小 CT 变换后的模拟量直接将数据组帧发送给测控、保护等装置。

2) 传统互感器接入合并单元

虽然电子式互感器在原理上非常先进,但是由于含有低压的电子器件,导致其长期可靠性和运行寿命较常规互感器有很大差距,加上价格较高,因此并没有能够实现大面积推广。在这种情况下,为了满足采用常规互感器的网络采样要求,支持模拟量就地数字化转换的合并单元应运而生,使得变电站的过程层采样值数据的发布形式与电子式互感器完全相同,简化了过程层之上的网络结构,其接入方式如图 5-27 所示。

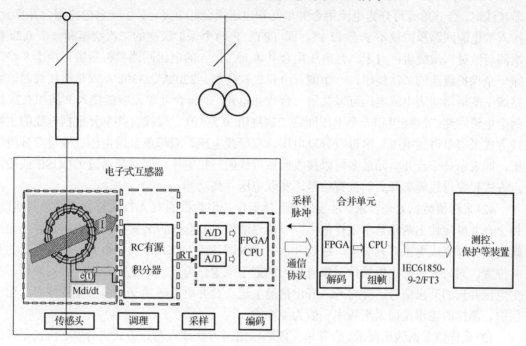

图 5-26　合并单元与电子式互感器接口

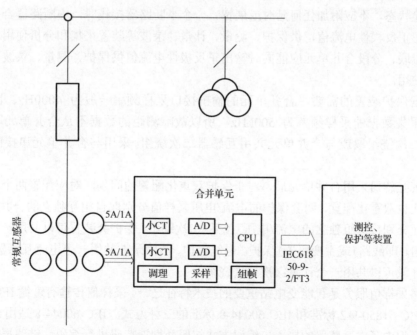

图 5-27　合并单元与常规互感器接口

与电子式互感器直接输出数字信号相比，利用常规互感器实现网络采样的复杂性增加很多，而且合并单元本身也要具备模数转换能力，并与接入电子式互感器的装置保持兼容性。

(1) 采样值输入要求。每台合并单元需要满足最多 12 个输入通道的要求。一个半断路器接线时，合并单元可分为电流用合并单元和电压用合并单元，对于一台电流用合并单元，接入的电流回路模拟量不小于 12 路，即 TPY、P 两个保护级次的二次绕组和一个 0.2s 级次测(计)量二次绕组；对于一台电压用合并单元，接入的电压回路模拟量数不少于 8 路，即一个保护级次的二次绕组，一个测(计)量二次绕组。220kV、330kV 双母线接线时，线路或主变压器间隔电流电压可以共用一台合并单元，一台合并单元应能接入 P 级和 0.2s 级两个电流回路二次绕组和一个电压回路二次绕组 0.5(3P)。母线合并单元根据母线的主接线方式采集单母线电压、单母双分段电压、双母线电压、双母单分段电压、双母双分段电压，即表示一个合并单元最多可以接收四条母线的三相电压，同时能通过 GOOSE 或硬接点方式接收母线隔离开关的位置信号，实现电压并列功能。

(2) 采样值数据处理要求。常规电流互感器保护用数据的双 A/D 采样由合并单元实现，每个合并单元输出两路数字采样值由同一路通道进入一套保护装置。母线电压合并单元根据需要可以完成电压并列功能。通过开入开出板插件或 GOOSE 信号得到母联或分段的开关位置，同时开入开出板插件采集屏柜上的把手位置作为开入，完成并列、解列操作，产生电压并列的开出信号，并将开入开出信息上送。合并单元应能支持多种采样频率，用于保护、测控的输出接口采用频率一般为 4000Hz。

(3) 采样值数据输出要求。合并单元能够以组网方式或点对点方式进行 9-2 协议采样值数据发送，采样值发送间隔离散值应小于 10μs。合并单元输出采样数据的品质标志应实时反映自检状态，不应附加任何延时或展宽。一个半断路器接线时，中断路器合并单元应能同时输出正反极性电流值，供保护、测量、计量、录波等装置采集和分析使用。双母线接线时，母联、分段合并单元应能同时输出正反极性电流值供保护、测量、录波等装置采集和分析使用。

根据保护装置的需要，合并单元的输出接口采样频率一般为 4000Hz。因为故障测距装置采集数据的采样频率为 500kHz，所以故障测距的数据不从合并单元取，直接由互感器二次绕组取或与合并单元共用互感器二次绕组，采用与合并单元串接的方式进行采样。

常规互感器采用合并单元后，对于保护双重化配置的间隔，对应配置两个独立绕组，合并单元也双重化配置，两套保护的电流/电压采样值分别取自相互独立的合并单元，两套合并单元分别接两组独立的电流/电压互感器二次绕组。保护类装置可以共用一个保护级次二次绕组，即线路(或主变压器)保护、母线保护、故障录波共用一个电流互感器二次绕组；测量和计量可以共用一个计量级次二次绕组。

网络采样值服务是智能变电站重要的技术特征之一。采样值传输有遵循 IEC 61850-9-1 标准、IEC 61850-9-2 标准和 IEC 60044-8 标准的三种方式。IEC 60044-8 适用于模拟/数字输出的新型电子式互感器的接入，编码方式按照曼彻斯特码进行编码，链路层帧格式采用的是 FT3 帧格式。IEC 61850-9-1 规定了单播的采样值传输方式，即单向"点对点"通信；

IEC 61850-9-2 则采用网络传输方式将数据映射至 ISO/IEC 8802-3，还可灵活配置输入通道、采样值频率等参数，因此 IEC 更倾向于采用 IEC 61850-9-2 的多播采样方式。

合并单元作为接收和处理采样值数据的装置，既要支持 IEC 61850-9-2 和 IEC 60044-8 协议，还需要兼顾电子式互感器和传统电磁式互感器，因此在工程上存在多种应用设计方式。本章针对单播和多播采样值控制块服务、采样配置与传输方式和采样接入方式等内容进行了探讨，并以 110kV 及 220kV 电压等级线路为例介绍了网络采样的应用。

5.2 基于 SDN 的智能变电站通信网络业务传输机制

5.2.1 GOOSE、SV 报文的处理

在 OpenFlow 交换机内有一组连接起来的流表，用以提供匹配、转发、报文修改等功能，称为 OpenFlow 管道。每个 OpenFlow 交换机的 OpenFlow 管道都包含至少一个流表，每个流表包含复数的流表项。OpenFlow 管道定义了每个流表项如何作用于报文。OpenFlow 管道处理流程只会前进而不会返回之前的流表进行处理。若没有匹配到任何表项则为 Table Miss。如下是 OpenFlow 管道中报文的处理流程。

(1) 根据流表项优先级匹配最高优先级的流表表项。

(2) 执行该流表项中的指令：执行动作列表、更新动作集、更新元数据 (Metadata)、执行 meter、前往其他流表。

(3) 发送匹配的数据和动作集到指令中指示前往的流表，该流表的流表 ID 比当前处理该报文的流表 ID 要大，保证 OpenFlow 管道处理只会前进不会倒退。

(4) 没有前往其他流表的指令则管道处理终止，报文按照其动作集处理。

最后一个流表的流表项将不含有其他流表的指令。

1. GOOSE、SV 报文在 OpenFlow 交换机中的匹配流程

GOOSE 或 SV 报文在 OpenFlow 交换机内的匹配流程如图 5-28 所示。

当 GOOSE 或 SV 报文进入设备后，先由设备解析报文，然后从第一个流表开始匹配，按优先级高低，依次匹配该流表中的流表项，一个报文在一个流表中只会匹配上一个流表项。此处通常根据报文的类型，报文头的字段如源 MAC 地址、目的 MAC 地址、源 IP 地址、目的 IP 地址等，大部分匹配项还支持掩码进行更加灵活的匹配。也可以通过报文的入端口或元数据信息来进行报文的匹配，一个流表项中可以同时存在多个匹配项。一个报文需要同时匹配上流表项中的所有匹配项，才能匹配上该流表项。报文匹配按照现有的报文字段进行，例如，前一个流表通过 Apply Actions 改变了该报文某个字段，则下一个表项按修改后的字段进行匹配。如果匹配表项成功，则按照指令集里的动作更新动作集，或更新报文/匹配集字段，或更新元数据，同时更新计数器。并且根据指令是否包含继续前往下一个流表，不包含则执行动作集，包含继续前往下一个流表的指令则前往下一个流表继续匹配。下一个流表的 ID 只需要比当前流表 ID 大即可。当报文没有匹配流表中的所有流表项时，此时会被称为 Table Miss。若存在无匹配流表项 (Table Miss)，则按照此表项执行指令，

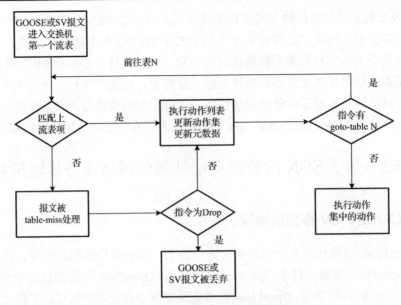

图 5-28 GOOSE、SV 报文的匹配

该指令通常为丢弃报文,将报文转交给其他流表或者将报文发送到 SDN 控制器进行处理。无流表项则流表默认会丢弃报文。

在 OpenFlow Specification 1.3.2 中支持的匹配字段如表 5-9 所示。

表 5-9 匹配域

匹配项	支持掩码	前置条件	备注
IN_PORT	否	无	报文的入端口,可以是交换机的普通端口或逻辑端口
IN_PHY_PORT	否	IN_PORT	报文的物理入端口
METADATA	是	无	流表的元数据,用于不同流表间传递信息
ETH_DST	是	无	以太网目的 MAC 地址
ETH_SRC	是	无	以太网源 MAC 地址
ETH_TYPE	是	无	以太网类型
VLAN_VID	是	无	802.1Q 中定义的 VLAN ID
VLAN_PCP	否	VLAN_VID 不为空	802.1Q 中定义的 VLAN 优先级
IP_DSCP	否	ETH_TYPE=0X0800 ETH_TYPE=0X86dd	Diff Serf Code Point
IP_ECN	否	ETH_TYPE=0X0800 ETH_TYPE=0X86dd	IP 头中的 ECN 字段
IP_PROTO	否	ETH_TYPE=0X0800 ETH_TYPE=0X86dd	IPv4 及 IPv6 的协议号
IPV4_SRC	是	ETH_TYPE=0X0800	IPv4 源 IP 地址
IPV4_DST	是	ETH_TYPE=0X0800	IPv4 目的 IP 地址
TCP_SRC	否	IP_PROTO=6	TCP 源端口
TCP_DST	否	IP_PROTO=6	TCP 目的端口
UDP_SRC	否	IP_PROTO=17	UDP 源端口
UDP_DST	否	IP_PROTO=17	UDP 目的端口
SCTP_SRC	否	IP_PROTO=132	SCTP 源端口

续表

匹配项	支持掩码	前置条件	备注
SCTP_DST	否	IP_PROTO=132	SCTP 目的端口
ICMPV4_TYPE	否	IP_PROTO=1	ICMP 类型
ICMPV4_CODE	否	IP_PROTO=1	ICMP code
ARP_OP	否	ETH_TYPE=0X0806	ARP opcode
ARP_SPA	是	ETH_TYPE=0X0806	ARP 报文中的 IPv4 源地址
ARP_TPA	是	ETH_TYPE=0X0806	ARP 报文中的 IPv4 目标地址
ARP_SHA	是	ETH_TYPE=0X0806	ARP 报文中的以太网源 MAC 地址
ARP_THA	是	ETH_TYPE=0X0806	ARP 报文中的以太网目标 MAC 地址
IPV6_SRC	是	ETH_TYPE=0X86dd	IPv6 源 IP 地址
IPV6_DST	是	ETH_TYPE=0X86dd	IPv6 目的 IP 地址
IPV6_FLABEL	否	ETH_TYPE=0X86dd	IPv6 流标签
ICMPV6_TYPE	否	IP_PROTO=58	ICMPv6 类型
ICMPV6_CODE	否	IP_PROTO=58	ICMPv6 code
IPV6_ND_TARGET	否	ICMPV6 TYPE=135 ICMPV6 TYPE=136	IPv6 邻居发现报文中的目标地址
IPV6_ND_SLL	否	ICMPV6 TYPE=135	IPv6 邻居发现报文中的源链路层地址
IPV6_ND_TLL	否	ICMPV6 TYPE=136	IPv6 邻居发现报文中的目标链路层地址
MPLS_LABEL	否	ETH TYPE=0x8847 ETH TYPE=0x8848	首个 MPLS 头中的标签
MPLS_TC	否	ETH TYPE=0x8847 ETH TYPE=0x8848	首个 MPLS 头中的 TC
MPLS_BOS	否	ETH TYPE=0x8847 ETH TYPE=0x8848	首个 MPLS 中的 BoS
PBB_ISID	是	ETH TYPE=0x88e7	首个 PBB 服务实例标签中的 I-SID
TUNNEL_ID	是	无	逻辑口分配的 metadata
IPV6_EXTHDR	是	ETH TYPE=0x86dd	IPv6 扩展头的虚拟字段

2. 流表失配——Table Miss

每一个流表都需要支持一个匹配流表失败的表项来处理匹配失败的报文。Table Miss 表项会定义如何处理失败的报文,如送到 SDN 控制器处理、丢弃报文或直接送往下一个流表。Table Miss 表项通过匹配域(Match Field)和优先级来判断,Table Miss 表项如同流表中的其他表项一样,在一开始 OpenFlow 交换机中不存在该表项,需要由 SDN 控制器添加,并且可以移除,Table Miss 表项也可以存在老化时间。如果由 Table Miss 表项决定报文发送到 SDN 控制器端口,封装这个报文的 packet-in 消息中的 packet-in 会被定义为 Table Miss。如果 Table Miss 表项不存在,无法匹配所有流表项的报文会被默认丢弃。该默认行为可以通过更改 OpenFlow 交换机进行变更。

3. 指令——Instruction

当 GOOSE、SV 报文匹配流表项时,每个流表项包含的指令集就会执行。这些指令会影响到报文、动作集以及管道流程。OpenFlow 交换机不需要支持所有的指令类型,并且 SDN 控制器可以查询 OpenFlow 交换机所支持的指令类型。具体的指令类型参见表 5-10。

表 5-10 指令类型

必选的	Write-Actions	合并指定动作到动作集,如果该动作在动作集内已经存在,则覆盖该动作
	Goto-Table	指示处理管道中的下个表,该表的 ID 必须大于当前表的 ID(即满足管道处理不能退回的规定),最后一个流表的流表项不能包含该指令
可选的	Meter	指示报文到指定的 Meter 表项,Meter 表项设置 Meter Bands 来进行限速,重设 DSCP 值等功能来达到实现 QoS 的目的
	Apply-Actions	不改变动作集,立即执行 Apply-Actions 指令中动作表的动作。动作集中动作执行顺序会按照动作表执行
	Clear-Actions	立即清空动作集
	Write-Metadata	写入元数据,元数据通常用于在同一个交换机的流表中传递信息。可用于流表项匹配报文

每个流表项中每种类型的指令只能有一个,且每个流表表项的动作集中每种动作类型最多只能有一个。指令的执行优先顺序为:

Meter→Apply-Actions→Clear Actions→Write-Actions→Write-Metadata→Goto-Table

4. 动作集——Action Set

进入 OpenFlow 管道处理流程的每个报文都绑定着一个动作集,这个动作集在一开始为空,并且可以在各个流表中传递。在 OpenFlow 管理处理流程中各个流表的流表表项可以使用 Write-Actions 向动作集里添加动作,或者使用 Clear-Actions 清空该动作集。当流表项指令集中不含有 Goto-Table 指令时,匹配该流表项的报文所绑定的动作集会立即执行。Apply Actions 指令不影响动作集的状态。

OpenFlow 交换机只需要支持 Required Action,即必须要支持的动作。SDN 控制器可以向 OpenFlow 交换机查询其支持的动作类型,如表 5-11 所示。

表 5-11 Action Set 指令

必选的	Output	Output 动作转发报文到特定的 OpenFlow 端口,如物理端口、逻辑端口以及 OpenFlow 保留端口
	Drop	并没有直接的动作来代替 Drop,当动作集中不含有 Output 指令时,报文会被丢弃。通常来说空指令集、空动作集或者执行清空动作集后,报文会被丢弃
	Group	将报文转交给指定的 Group 处理,该动作的确切含义由 Group 的类型定义
可选的	Set-Queue	Set-Queue 动作为报文指定队列 ID。当报文被转发到特定端口时,队列 ID 通常被用于基本 QoS
	Push-Tag-Pop-Tag	Push-Tag 和 Pop-Tag 动作适用于 VLAN 头、MPLS 头、PBB 头(802.1ah)
	Set-Field	Set-Field 动作可以识别报文字段的类型,并且可以修改该字段的值。Set-Field 动作通常只适用于最外层的字段。对于同一个报文字段,动作集中只能存在一个 Set_Field 动作,但是不同字段的 Set-Field 动作可以共存
	Change-TTL	Change-TTL 动作可以改变报文中 IPv4 的 TTL、IPv6 的 Hop Limit 或者 MPLS 的 TTL。同样,Change-TTL 也只适用于最外层的字段。该动作可以设置 TTL,减少 TTL,将 TTL 的值从最外层字段上复制到次外层字段

动作集的执行顺序并不按照动作集中的动作添加的先后顺序,而是按照固定的先后顺序依次执行:

Copy TTL inwards→pop→push→MPLS→push-PBB→Push→VLAN→copy TTL outwards→decrement TTL→set-field→qos(set queue)→group→output

当动作集中，Output 动作和 Group 动作存在时，Group 动作会先执行，同时 Output 动作会被忽略。如果动作集中既没有 Output 动作也没有 Group 动作，那么匹配的报文会被丢弃。

5. 动作表-Action List

Action List 存在于指令 Apply-Actions 和 Packet-Out 报文中。不同于 Action Set, Action List 中的动作是按照列表中动作的顺序依次执行的，且动作列表中同类型的动作可以包含多个，且这些动作的影响效果是可以叠加的。当流表项指令中存在 Apply-Actions 时，Apply-Actions 所指示的 Acyion List 不会等到 OpenFlow 管道结束再执行，而是立即执行，并且被 Apply-Actions 修改后的报文会继续被 OpenFlow 管道处理。

Action List 中如果存在 Output 或 Group 动作，那么执行到这些动作时，会将此时的报文复制一份或多份转发出去。

5.2.2 连接建立

OpenFlow 信道是连接 SDN 控制器和每一个 OpenFlow 交换机的接口。SDN 控制器通过该信道设置、管理交换机。通过 OpenFlow 信道的报文都是根据 OpenFlow 协议定义的。通常采用 TLS 加密来保证传输安全，但也支持简单的 TCP 直接传输。

1. OpenFLow 信道的连接

图 5-29 为 SDN 控制器和 OpenFlow 交换机之间建立信道连接的基本过程。首先 SDN 控制器和交换机之间的连接建立，双方互相发送 hello 报文协商 OpenFlow 协议版本。如果协商失败则连接终止，协商成功则 OpenFlow 信道连接开始正常运行。在正常运行的过程中，SDN 控制器和 OpenFlow 交换机会定时互相发送 Echo request 消息，响应后回复 Echo reply 消息。如果发送 Echo request 后一段时间内没有收到 Echo reply 消息，即 Echo 超时。那么根据 OpenFlow 交换机的设置，OpenFlow 交换机会变为 Fail-secure mode 交换机或者 Fail-standalone mode 交换机。

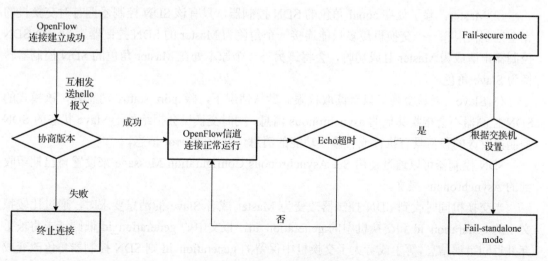

图 5-29 OpenFlow 信道的连接

(1) Fail-secure mode 交换机：在该模式下的 OpenFlow 交换机，目的地为 SDN 控制器的报文和消息都会被抛弃。OpenFlow 交换机内的流表表项会正常老化。

(2) Fail-standalone mode 交换机：在该模式下的 OpenFlow 交换机，所有报文都通过保留端口 Normal 处理。即此时的 OpenFlow 交换机变成传统的以太网交换机。Fail-standalone mode 只适用于 OpenFlow-Hybird 交换机。

2. OpenFlow 协议报文的处理

OpenFlow 规定使用可靠的消息传输和处理。但 OpenFlow 本身并不提供确认消息来保证消息传输。交换机必须完全处理每个从 SDN 控制器收到的消息并尽可能响应，不能正确处理则返回 error。SDN 控制器可以忽略其收到的消息，但必须尽可能响应 Echo 消息。

OpenFlow 协议通过 barrier 消息为消息处理排序，来避免处理顺序错误导致操作失败（高优先级消息依然被先处理，如流表项的建立）。当 OpenFlow 交换机接收到一个 barrier request 报文时，在这之前收到的 OpenFlow 协议报文必须全部处理完毕，包含回应报文或 error 消息，此时 OpenFlow 交换机可以回应 barrier reply 消息，然后再处理在 barrier request 消息之后收到的 OpenFlow 协议报文。例如，SDN 控制器试图添加一个 Group 表项，并再添加一个流表项关联到该 Group 时，报文发送顺序应该为 Group mod 报文→barrier request 报文→flow mode 报文。这样能保证当 OpenFlow 交换机处理 flow mod 报文时，其关联的 Group 在交换机上已经添加完毕。

3. 多控制器-Multiple Controller

一个 OpenFlow 交换机可以连接多个 SDN 控制器来提高稳定性，当一个或者多个 SDN 控制器失效或者连接断开时，仍然能保证 OpenFlow 交换机在正常模式工作。该情况下 SDN 控制器分三种角色。

(1) Equal。默认角色，所有 SDN 控制器都对该交换机拥有完全控制权限。

(2) Master。除了处在 equal 角色的 SDN 控制器，只有该 SDN 控制器拥有对交换机的完全控制权限。一个交换机最多只能连接一个角色为 Master 的 SDN 控制器。当一个 SDN 控制器申请成为 Master 且成功时，会将该另外一个原本处在 Master 角色的 SDN 控制器转换为 Slave 角色。

(3) Slave。对该交换机只有读取权限。默认情况下，除 port status 消息外，该模式的 SDN 控制器不会接收其他的 asynchronous 消息，同时交换机会拒绝处于 Slave 状态的 SDN 控制器发送的任何具有执行或者修改功能的消息，并返回 error 信息。

SDN 控制器可以通过使用 Set Asynchronous Configuration Message 来设置自己期望收到的 Asynchronous 报文。

当交换机同时收到 SDN 控制器改变为 Master 或者 Slave 的消息要求时，通过比较报文中的 generation_id 和交换机中的 generation_id，报文中的 generation_id 低则请求将被丢弃并返回错误信息，等于或者大于交换机中保留的 generation_id 则 SDN 控制器角色改变成功，并更新解决的 generation_id 为该报文的 generation_id。

4. 辅助连接-Auxiliary Connections

OpenFlow 通过使用辅助连接来提升性能。交换机通过交换机的 Datapath ID 和连接的 Auxiliary ID 判断连接。主连接的 Auxiliary ID 为 0，不同辅助连接拥有不同的非 0 Auxiliary ID 以及相同的 Datapath ID，辅助连接只能在主连接成功后建立。如果主连接中断，辅助连接会全部被关闭以解决 Datapath ID 冲突问题。辅助连接必须使用相同的目的 IP。为了避免不同传输协议的冲突，OpenFlow 交换机或者 SDN 控制器只会在收到消息的连接上响应该消息。SDN 控制器可以使用各个连接来传输报文，但是为了提高性能，OpenFlow 协议中提供了以下建议。

对于 SDN 控制器来说：

（1）所有非 Packet-Out 的 SDN 控制器消息使用主连接进行传输。

（2）所有包含从 Packet-In 消息中获取的报文的 Packet-Out 消息，应该在收到该 Packet-In 消息的连接上进行传输。

（3）所有其余的 Packet-Out 消息在保证同一流使用同一连接的前提下，尽可能地使用所有可用连接。

（4）如果指定的辅助连接不可用，那么 SDN 控制器应该使用主连接来发送这些消息。

对于 OpenFlow 交换机来说：

（1）所有非 Packet-Out 发往的 SDN 控制器消息使用主连接进行传输。

（2）所有其余的 Packet-In 消息在保证同一流使用同一连接的前提下，尽可能地使用所有可用连接。

5.2.3 OpenFlow 协议报文

OpenFlow 协议目前提供共计 30 种报文来实现 Controller 和 OpenFlow 交换机之间的交互，OpenFlow 协议目前支持三种报文类型：Controller to Switch、Asynchronous、Symmetric。每种报文类型都有很多子类型。OpenFlow 协议报文的通用报文头如表 5-12 所示。

表 5-12 OpenFlow 报文通用报文头

字段名称	长度	备注
Version	8bit	OpenFlow 协议版本号 1.3.2 为 0x04
Type	16bit	OpenFlow 协议目前共用 30 种类型的报文，取值范围为 0x00～0x1D
Length	32bit	整个 OpenFlow 协议报文的长度
Xid	64bit	分配给该报文的处理 ID，请求报文以及相应的应答报文的 Xid 是一致的

1. Symmetric 消息

同步消息是 Controller 和 OpenFlow 交换机都会在无请求情况下发送的消息。Symmetric 消息变化有以下三种类型。

（1）Hello。当连接启动时交换机和 Controller 会发送 Hello 交互，Hello 报文的 Type 字段为 0x00，并在 OpenFlow 普通报文头后面添加 elements 字段，现协议版本中该字段包含有设备支持的 OpenFlow 版本。

(2) Echo Request/Reply。用于验证 Controller 与交换机之间连接的存活,Controller 和 OpenFlow 交换机都会发送 echo request/reply 消息,而且对于接收到的 Echo request 消息必须能返回 Echo reply 消息。Echo request 报文的 Type 字段为 0x02,Echo reply 报文的 Type 字段为 0x03。该报文也可用于测量 Controller 与交换机之间链路的延迟和带宽。

(3) Experimenter。为将来新加入的特性预留的消息。

2. Asynchronous 消息

异步消息是 OpenFlow 交换机在 Controller 没有请求的情况下,可以主动发送到 Controller 的消息。Asynchronous 消息包含以下几种类型。

(1) Packet-in Message。转移报文的控制权到 Controller。对于所有通过匹配流表项或者 Table Miss 后转发到保留端口 Controller 端口的报文均要通过 Packet-in 消息送到 Controller。也有部分其他流程,如 TTL 检查等,也需要通过该消息和 Controller 交互。Packet-in 既可以携带整个需要转移控制权的报文,也可以通过在经济内部设置报文的 Buffer 来仅携带报文头和 Buffer ID 传输给 Controller。Controller 在接收到 Packet-in 消息后会对其接收到的报文或者报文头和 Buffer ID 进行处理,并发回 Packet-out 消息通知 OpenFlow 交换机如何处理该报文。Packet-in Message 报文的结构如表 5-13 所示。

表 5-13 Packet-in Message 报文的结构

字段	长度	备注
OpenFlow header	8B	OpenFlow 的通用报文头,Type 为 0x0A
Buffer_id	32bit	分配给缓冲在交换机中的报文的 ID
Total_len	16bit	整个 Packet-in 报文的长度
Reason	8bit	上送 Packet-in 报文的原因:分为 no match/invalid TTL
Table_id	8bit	流表的 ID
Cookie	64bit	流表中流表项的 Cookie
Ofp_match	可变	导致该报文上送的流表项的匹配项
Pad	16bit	补齐字段使报文长度为 8B 的整数倍
Data	可变	携带的报文数据

(2) Flow-Removed Message。通知 Controller 将某个流表项从流表中移除。只有当流表项中的 Flag 字段的 flow-removed 比特位置位时,该流表项删除后交换机会发送该报文到 Controller。造成流表项被删除的原因有 4 种:流表项未匹配任务报文的时间达到设置的闲置超时时间(Idle_timeout);流表项存在的时间达到设置的老化时间(Hard_timeout);流表项被 flow modify 报文删除(Delete);流表项关联的 Group 被删除(Group delete)。Flow-Removed Message 报文的结构如表 5-14 所示。

表 5-14 Flow-Removed Message 报文的结构

字段	长度	备注
OpenFlow header	8B	OpenFlow 的通用报文头,Type 为 0x0B

续表

字段	长度	备注
Cookie	64bit	流表中流表项的 Cookie
Priority	16bit	被删除的流表项的优先级
Reason	8bit	流表项被删除的原因：分为 Idle_timeout/Hard_timeout/Delete/Group delete
Table_id	8bit	被删除的流表项所在的流表 ID
Duration_sec	8bit	流表项存在的时间，单位是 s
Duration_nsec	8bit	流表项存在的时间，单位是 ns
Idle_timeout	16bit	原流表项设置的闲置超时时间
Hard_timeout	16bit	原流表项设置的老化超时时间
Packet_count	64bit	该流表项匹配过的报文数量
Byte_count	64bit	该流表项匹配过的报文的字节数
Ofp_match	可变	该流表项的匹配域

(3) Port-Status Message。当 OpenFlow 交换机上的端口添加、删除或者状态改变时，OpenFlow 交换机必须通过 Port-status 报文通知 Controller 端口状态或设置的改变。Port-Status Message 报文的结构如表 5-15 所示。

表 5-15 Port_Status Message 报文的结构

字段	长度	备注
OpenFlow header	8B	OpenFlow 的通用报文头，Type 为 0x0C
Reason	8bit	流表中流表项的 Cookie
Pad	56bit	补齐字段使报文长度为 8B 的整数倍
Ofp_port desc	64byte	OpenFlow 的端口描述结构，主要包含端口索引、硬件地址、状态、速率、支持的属性、端口的设置等

(4) Error Message。通知 Controller 交换机出现的问题或错误。OpenFlow 协议提供了丰富的错误报文类型和错误码让交换机能正确的反馈错误信息给 Controller。如表 5-16 所示。

表 5-16 Error Message 报文的结构

字段	长度	备注
OpenFlow header	8B	OpenFlow 的通用报文头，Type 为 0x01
Type	16bit	错误类型，共计 14 类
Code	16bit	错误码
Data	可变	触发该 error 的报文数据

3. Controller to Switch 消息

Controller to Switch 消息是由 Controller 产生并发送到 OpenFlow 交换机检查并管理交换机的消息，可能不需要交换机响应。Controller to Switch 消息包含以下几种类型。

(1) Features。用于 Controller 发送请求来了解交换机的性能，如最大缓冲报文数量，最大流表数，对于流表统计、流统计、端口统计、组统计、IP 分片报文重组、队列统计、端口 block 的能力支持情况。交换机必须回应该报文。Fearture 报文的结构如表 5-17 所示。

表 5-17 Features 报文的结构

字段	长度	备注
OpenFlow header	8B	OpenFlow 的通用报文头，FEATURE REQUEST 的 Type 为 0x05，FEATURE REPLY 的 Type 为 0x06
Datapath_id	64bit	Datapath ID 为唯一值，低 48 位为 MAC 地址，高 16 位为设备定义
N_buffers	32bit	最大缓冲报文数量
N_tables	8bit	最大流表数量
Auxiliary_id	8bit	识别是否为主连接
Pad	8bit	补齐字段使报文长度为 8B 的整数倍
Capability	32bit	交换机支持的能力
Reserved	32bit	保留字段

(2) Switch Configuration。用于 Controller 设置，查询交换机的配置，交换机只有在 Controller 查询时回应。GET_CONFIG_REQUEST 报文只含有 OpenFlow 通用的报文头，Type 为 0x07。SET_CONFIG_REPLY 报文的结构如表 5-18 所示。

表 5-18 Switch Configuration 报文的结构

字段	长度	备注
OpenFlow header	8B	OpenFlow 的通用报文头，GET_CONFIG_REPLY 报文的 Type 为 0x08 SET_CONFIG 报文的 Type 为 0x09
Flags	16bit	设置交换机对 IP 分片报文的处理方式，有丢弃、重组、正常处理等
Miss_send_len	16bit	设置解决在原因非 action 和 tanle-miss 状况下将报文上送 Controller 时，Packet-in 携带的最大报文长度

(3) Queue Get Configuration。用于查询 OpenFlow 交换机上端口的队列情况，Queue_Get_Config _REQUEST 报文的结构如表 5-19 所示。

表 5-19 Queue_Get_Config _REQUEST 报文的结构

字段	长度	备注
OpenFlow header	8B	OpenFlow 的通用报文头，Type 为 0x16
Port	32bit	Controller 查询队列信息的端口的索引号
Pad	32bit	补齐字段使报文长度为 8B 的整数倍

QUEUE_GET_CONFIG_REPLY 报文的结构如表 5-20 所示。

表 5-20 QUEUE_GET_CONFIG_REPLY 报文的结构

字节	长度	备注
OpenFlow header	8B	OpenFlow 的通用报文头，Type 为 0x17
Port	32bit	Controller 查询队列信息的端口的索引号
Pad	32bit	补齐字段使报文长度为 8B 的整数倍
Ofp_packet_queue	可变	端口的队列信息

(4) Modify Flow Entry Message。用于添加、删除、修改 OpenFlow 流表项。对于 command 为 delete、modify 时,交换机根据收到的 Modify Flow Entry Message 上面所标示的匹配域和流表 ID 来选择流表项进行操作。如果报文中的 Cookie 和 Cookie_mask 值存在,那么还需要用该值对符合条件的流表项进行过滤。流表项的超时时间(idle_timeout 和 hard_timeout)以及 flags 在添加流表项就已固定下来,不能通过该报文进行修改,Controller 只能修改流表项的 instructions 部分。如果 Controller 想修改其他部分,需要重新下发一个流表项。对于 modify_strict 和 delete_strict、modifyh 和 delete 命令最大的区别是,报文会根据优先级和匹配域来确定需要进行操作的流表项。同时对于删除流表项时,可以通过流表项关联的出端口和 group 对流表项进行过滤。对于 Flags 而言:SWND_FLOW_REM 置位代表该流表项被删除时需要向 Controller 发送 flow_removed 报文;CHECK_OVERLAP 置位代表 Controller 添加流表项时如果该流表项已存在,交换机会返回 error 信息,如果该位没有置位,则会直接覆盖原有流表项;REST_COUNTS/NO_PKT_COUNTS/NO_BYT_COUNTS 均用于流表项的统计的功能的设置。该报文的结构如表 5-21 所示。

表 5-21 Modify Flow Entry Message 报文的结构

字段	长度	备注
OpenFlow header	8B	OpenFlow 的通用报文头,Type 为 0x0E
Cookie	64bit	用于过滤流表项的 cookie
Cookie_mask	64bit	Cookies 的掩码
Table_id	8bit	流表的 ID
Command	8bit	该报文执行的动作,分为 add/modify/modify_strict/delete/delete_strict
Idle_timeout	16bit	流表项的闲置超时时间
Hard_timeout	16bit	流表项的老化超时时间
Priority	16bit	流表项的优先级
Buffer_id	32bit	该流表项作用于的缓存报文,该字段可设置为 no buffer
Out_port	32bit	删除流表项时根据出端口对流表项进行过滤
Out_group	32bit	删除流表项时根据关联组对流表项进行过滤
Flags	16bit	分为 SEND_FLOW_REM/CHECK_OVERLAP/RESET_COUNTS/NO_PKT_COUNTS/NO_BYT_COUNTS
Pad	16bit	补齐字段使报文长度为 8B 的整数倍
Ofg_match	可变	流表项的匹配项
Ofp_instructions	可变	流表项中包含的指令

(5) Modify Group Entry Message。用于添加、删除、修改 Group。删除一个 Group 会导致关联到该 Group 的流表项被删除。该报文的结构如表 5-22 所示。

表 5-22 Modify Group Entry Message 报文的结构

字段	长度	备注
OpenFlow header	8B	OpenFlow 的通用报文头,Type 为 0x0F

字段	长度	备注
Command	16bit	该报文执行的动作，分为 add/modify/delete
Type	8bit	Group 的类型，分为 All/Select/Indirect/Fast failover
Pad	8bit	补齐字段使报文长度为 8B 的整数倍
Group_id	32bit	Group 的 ID
Ofp_bucket	可变	Group 所包含的动作桶

(6) Port Modification Message。用于对 OpenFlow 交换机上的端口进行设置更改。其中可以设置端口状态为 down(port_down)、不接收报文(no_recv)、不转发报文(no_fwd)、不上送报文到 Controller(no_packet_in)。同时还可以根据交换机的支持情况，设置端口的速率及双工状态。该报文的结构如表 5-23 所示。

表 5-23 Port Modification Message 报文的结构

字段	长度	备注
OpenFlow header	8B	OpenFlow 的通用报文头，Type 为 0x10
Port_no	32bit	端口索引号
Pad	32bit	补齐字段使报文长度为 8B 的整数倍
Hw_add	8bit	端口的 MAC 地址
Pad	16bit	补齐字段使报文长度为 8B 的整数倍
Config	32bit	设置端口状态，分为 Port_down/No_recv/No_fwd/No_packet_in
Mask	32bit	Config 的掩码
Advertise	32bit	设置端口的速率、双工状态
Pad	32bit	补齐字段使报文长度为 8B 的整数倍

(7) Meter Modification Message。用于添加、删除、修改 Meter。删除一个 Meter 会导致关联到该 Meter 的流表项也被删除。该报文的结构如表 5-24 所示。

表 5-24 Meter Modification Message 报文的结构

字段	长度	备注
OpenFlow header	8B	OpenFlow 的通用报文头，Type 为 0x1D
Commad	16bit	该 Meter 的 flag，分为 add/modify/delete
Flag	32bit	该 Meter 的 flag，分为 kbps/pktps/burst/stats
Meter_id	32bit	Meter 的 id
Meter_band_header	可变	该 Meter 的 Meter band 信息

(8) Multipart Messages。用于 Controller 收集交换机各方面的信息，如当前配置、统计信息等，该报文基本结构如表 5-25 所示。

目前 OpenFlow 协议支持以下类型的 Multipart Message。

① Description of this OpenFlow switch：交换机的描述信息，Type 为 0x00；

表 5-25 Multipart Message 报文的结构

字段	长度	备注
OpenFlow header	8B	OpenFlow 的通用报文头，MULTIPART_REQUEST 报文的 Type 为 0x12 MULTIPART_REPLY 报文的 Type 为 0x13
Type	16bit	Multipart 报文的类型
Flag	16bit	该 flag 用于注明是否有后续请求/应答报文
Pad	32bit	补齐字段使报文长度为 8B 的整数倍
Body	可变	根据 Type 不同该字段不同

② Individual flow statistics：单条流表项的信息，Type 为 0x01；

③ Aggregate flow statistics：多条流表的统计信息之和，Type 为 0x02；

④ Flow table statistics：流表的统计信息，Type 为 0x03；

⑤ Port statistics：端口的统计信息，Type 为 0x04；

⑥ Queue statistics for a port：端口队列的统计信息，Type 为 0x05；

⑦ Group counter statistics：组统计信息，Type 为 0x06；

⑧ Group description：组描述信息，Type 为 0x07；

⑨ Group features：交换机支持的组的能力，Type 为 0x08；

⑩ Meter statistics：Meter 统计信息，Type 为 0x09；

⑪ Meter configuration：Meter 的配置信息，Type 为 0x0A；

⑫ Meter features：交换机支持的 Meter 的能力，Type 为 0x0B；

⑬ Table features：交换机的流表支持的能力，这里可以对其进行设置，Type 为 0x0C；

⑭ Port description：端口描述信息，Type 为 0x0D；

⑮ Experimenter extension：预留消息，Type 为 0x0E。

（9）Packet-Out Message。用于通过交换机特定端口发送报文，这些报文是通过 Packet-in 消息接收到的。通常 Packet-out 消息包含整个之前接收到的 Packet-in 消息所携带的报文或者 Buffer ID（用于指示存储在交换机内的特定报文）。这个消息需要包含一个动作列表，当 OpenFlow 交换机收到该动作列表后会对 Packet-out 消息所携带的报文执行该动作列表。如果动作列表为空，Packet-out 消息所携带的报文将被 OpenFlow 交换机丢弃。另外，Packet-out 的动作列表可以包含 Output 到保留端口 table 的动作，该动作表示 Packet-out 携带或者指示的报文会进行被 OpenFlow 流程处理。该情况主要应用场景如下：Controller 收到 Packet-in 报文，并回应一个 flow modify 报文添加流表项以匹配 Packet-in 所携带的报文，同时，再下发该 barrier request 消息保证流表项添加完毕，Controller 收到 barrier reply 消息后再回应 Packet-out 报文并携带包含有 Output 到 table 的动作列表，此时该数据报文会重新被 OpenFlow 流程处理并匹配之前下发的流表项。Packet-out 报文的结构如表 5-26 所示。

（10）Barrier Message。Barrier 请求/应答消息用于 Controller 确认消息已经被接收。Barrier Message 结构中仅含有 OpenFlow 通用报文头，其中 BARRIER_REQUEST 报文的类型为 0x14，BARRIER_REPLY 报文的类型为 0x15。

表 5-26 Packet-out Message 报文的结构

字段	长度	备注
OpenFlow header	8B	OpenFlow 的通用报文头，Type 为 0x0D
Buffer_id	32bit	分配给缓冲在交换机中的报文的 ID
In_port	32bit	携带的报文的入端口，可以是保留端口 Controller
Actions_len	16bit	动作的长度
Pad	48bit	补齐字段使报文长度为 8B 的整数倍
Ofp action	可变	Packet-out 报文携带的动作列表
Data	可变	报文 Data 部分

（11）Role-Request Message。用于设定或查询 OpenFlow 信道的角色，通常用于 OpenFlow 交换机和多个 Controller 相连的情况。该报文的结构如表 5-27 所示。

表 5-27 Role-Request Message 报文的结构

字段	长度	备注
OpenFlow header	8B	OpenFlow 的通用报文头，ROLE_REQUEST 的 Type 为 0x18，ROLE_REPLAY 的 Type 为 0x19
Role	32bit	Controller 的角色：分为 nochange/master/slave/equal
Pad	32bit	补齐字段使报文长度为 8B 的整数倍
Generation_id	16bit	用于确认该 role request 报文是否生效

（12）Set Asynchronous Configuration Message。Controller 使用该报文设定异步消息过滤器来接收其只希望接收到的异步消息报文，或者向 OpenFlow 交换机查询该过滤器。该消息通常用于 OpenFlow 交换机和多个 Controller 相连的情况。该报文的结构如表 5-28 所示。

表 5-28 Set Asynchronous Configuration Message 报文的结构

字段	长度	备注
OpenFlow header	8B	OpenFlow 的通用报文头，GET_ASYNC_REQUEST 报文的 Type 为 0x1A GET_ASYNC_REPLY 报文的 Type 为 0x1B SET_ASYNC 报文的 Type 为为 0x1C
Packet_in_mask	64bit	是否发送 Packet-in 报文的设置
Port_status_mask	64bit	是否发送 Port_status 报文的设置
Flow_removed_mask	64bit	是否发送 flow_removed 报文的设置

（13）Flow Table Configuration。该报文用于 Controller 设置 OpenFlow 交换机上的 table。目前版本的协议中没有规定该报文使用的 config。该报文的结构如表 5-29 所示。

表 5-29 Flow Table Configuration 报文的结构

字段	长度	备注
OpenFlow header	8B	OpenFlow 的通用报文头，Type 为 0x11
Table_id	8bit	该报文需要设置的 table_id
Pad	24bit	补齐字段使报文为 8B 的整数倍
Config	32bit	用于设置 table 的 bitmap

5.3 本章小结

网络跳闸和网络采样是智能变电站通信网络的典型业务。在 SDN 架构中，这些业务将不再通过传统以太网交换机的 Mac 地址表或路由表等进行转发，而是通过流表执行转发。所有进入 SDN 交换机的报文都要匹配相应的流表项，从而执行对应的转发策略，在这种模式下，原本分布于各交换机的匹配和计算将集中抽离出来，形成统一的控制平面，底层设备将更加专注于转发，传统的分组转发串行处理方式将变为并行处理方式，可有效提高网络的吞吐能力和鲁棒性。

第 6 章 基于 SDN 的智能变电站通信网络管理优化

6.1 基于 SDN 的智能变电站通信网络拓扑管理

6.1.1 SDN 交换机的配置与管理实现技术

1. SDN 交换机的管理功能

SDN 控制器通过南向接口实现对交换机的转发控制、拓扑结构监测和设备状态管理。传统交换机和路由器的管理技术，大多采用 SNMP 协议。SDN 交换机除了需要完成传统交换机的管理功能之外，还需要提供针对 OpenFlow 交换的额外管理功能，主要包括自动配置管理和链路层结构探测。

1) OpenFlow 交换机的管理方法

具备 OpenFlow 功能的交换机，可由 SDN 控制器通过 OpenFlow 协议建立流表或对数据流制定转发动作。控制器针对数据流的操作，所施加的作用，其时间跨度或时效性相对较短。而交换机配置(OF-CONFIG)所规范的操作，其时效性相对较长。例如，交换机端口的启用或禁用，其作用时长通常大于 1 条数据流的持续时长。因此，OF-CONFIG 具有操作管理和维护(OAM)的特点。

OF-CONFIG 的操作对象是物理交换机中的逻辑部分，即逻辑交换机。OF-CONFIG 可以创建和配置逻辑交换机，以便 SDN 控制器进而通过 OpenFlow 来控制这些逻辑交换机。一台物理设备，允许驻留多台逻辑交换机。OF-CONFIG 管理的逻辑交换机，包括端口和排队队列等。不同逻辑交换机的端口及队列，彼此独立，完全由所属逻辑交换机控制。

向交换机发出 OF-CONFIG 消息的实体，称为 OpenFlow 配置点。配置点具有逻辑含义，物理上可以是 SDN 控制器，也可以是传统的网络管理框架。图 6-1 描述了 SDN 交换机配置管理的实体及相互关系示意结构。

SDN 控制器除了需要对 OpenFlow 交换机进行单体控制之外，还需要掌握被管理交换机之间的拓扑结构信息。虽然可以采用人工方式或其他手段来获取拓扑信息，但为增强 SDN 控制器对网络结构变化的自适应能力，极需要引入自动化的技术手段和技术标准。由 IEEE 制定的 802.1AB 标准，即链路层发现协议(Link Layer Discovery Protocol，LLDP)正好可以满足此需求。

LLDP 是一种第二层网络的邻近发现协议。它为以太网网络设备，如交换机、路由器和无线局域网接入点定义了一种标准的方法，使其可以向网络中其他节点公告自身的存在，并保存各个邻近设备的发现信息。例如，设备配置和设备识别等详细信息都可以用该协议进行公告。ONF 已将 LLDP 作为 SDN 控制器管理交换机网络的重要技术内容。

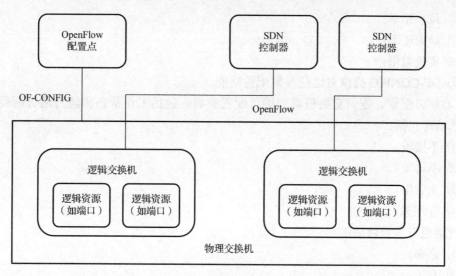

图 6-1　SDN 交换机配置管理的实体及相互关系示意结构

2）配置管理的功能

OF-CONFIG 涉及的功能，主要针对逻辑交换机的配置管理，具体包括：

① 配置一个或多个控制器；
② 排队队列和端口的配置；
③ 远程修改端口特性（如启用或停用）；
④ 与控制器之间的安全认证配置；
⑤ 发现逻辑交换机的能力；
⑥ 配置 IP-in-GRE、NV-GRE、VxLAN 隧道；
⑦ OF-CONFIG 的版本支持。

（1）与控制器连接的管理。OF-CONFIG 需要为交换机配置控制器的 IP 地址、端口号和传输层类型，以便交换机能主动发起和建立与控制器的连接。其中，传输层类型，或为 TLS2 或为 TCP。需要针对多控制器的情况，配置功能可为 OF 交换机配置一个控制器列表。

交换机与所有控制器的连接都发生中断后，可进入两种模式，即故障安全模式和故障孤立模式，具体选择也由 OF-CONFIG 配置完成。

如果传输层类型配置为 TLS，还要针对每个控制器配置一对证书，包括交换机证书和控制器证书，以便交换机能与控制器进行相互认证。

（2）逻辑交换机资源配置。OF 物理交换机中，可同时存在多个逻辑交换机。每个逻辑交换机关联了多种资源，如端口和排队队列等，OF-CONFIG 负责完成此种关联关系。但是，逻辑交换机本身已事先通过带外方式启动，并且也已完成资源的分割和分配。所谓带外方式，是相对于 OF-CONFIG 的操作而言，通常由物理设备的管理者，通过诸如本地管理接口完成的操作。

（3）排队队列配置。排队队列的配置参数包括：

① 最小速率；
② 最大速率；
③ 实验类型；
④ OF-CONFIG 提供对这些参数配置功能。

(4) 端口配置。逻辑交换机端口的可配置参数，包括工作状态和能力通告两类。端口的工作状态包括：
① 不接收；
② 不转发；
③ 无分组；
④ 管理态。

性能通告参数包括：
① 速率；
② 双工；
③ 铜线介质；
④ 光纤介质；
⑤ 自动协商；
⑥ 暂停；
⑦ 不对称暂停。

OF-CONFIG 均支持以上参数配置，并能获取这些参数的当前值、支持集以及与该端口相连的对端端口的配置。

(5) 操作场景。OF-CONFIG 协议适用于 6 种操作场景，包括：
① 多个配置管理一台物理交换机；
② 一个配置点管理多台物理交换机；
③ 多个控制器控制一台逻辑交换机；
④ 配置点对特定逻辑交换机中的端口和队列进行配置；
⑤ 配置点发现逻辑交换机的能力；
⑥ 配置点将逻辑交换机的端口配置为 IP-in-GRE 或 NVGRE 或 Vxlan 隧道。

3) 拓扑管理的功能

(1) LLDP 协议功能。最早的 LLDP 被设计用于局域网的网络设备标识及能力报告，工作于网络协议体系结构的第二层。2005 年 5 月，IEEE 发布的 IEEE 802.1AB 规范，将各个厂家独自开发的相近功能进行了标准化，包括思科公司的思科发现(Cisco Discovery Protocol)协议、Extreme Networks 的 EDP(Extreme Discovery Protocol)协议、Enterasys Networks 的 CDP (CabletronDiscovery Protocol)协议以及 Nortel Networks 的 NDP(Nortel Discovery Protocol)协议等。

LLDP 是一种邻近发现协议。它为以太网网络设备，如交换机、路由器和无线局域网接入点定义了一种标准的方法，使其可以向网络中其他节点公告自身的存在，并保存各个邻近设备的发现信息。例如，设备配置和设备识别等详细信息都可以用该协议进行公告。

具体来说,LLDP 定义了一个通用公告信息集、一个传输公告的协议和一种用来存储所收到的公告信息的方法。要公告自身信息的设备可以将多条公告信息放在一个局域网数据包内传输,传输的形式为类型长度值(TLV)域。

(2) 工作模式。LLDP 实体可以工作于 4 种模式:

① TxRx,收发模式,既可发送也可接收 LLDP 报文;
② Tx,发送模式,只发送不接收 LLDP 报文;
③ Rx,接收模式,只接收不发送 LLDP 报文;
④ Disable,禁用模式,既不能发送也不能接收 LLDP 报文。

当交换机端口的 LLDP 工作模式发生变化时,端口将对协议状态机进行初始化操作。为了避免端口工作模式频繁改变而导致端口不断执行初始化操作,可配置端口初始化延迟时间,当端口工作模式改变时延迟一段时间再执行初始化操作。

(3) LLDP 报文的收发。封装有 LLDPDU 的报文称为 LLDP 报文,其封装格式有两种:Ethernet II 和 SNAP(Subnetwork Access Protocol,子网访问协议)。

当端口工作在 TxRx 或 Tx 模式时,设备会周期性地向邻居设备发送 LLDP 报文。如果设备的本地配置发生变化则立即发送 LLDP 报文,以将本地信息的变化情况尽快通知给邻居设备。但为了防止本地信息的频繁变化而引起 LLDP 报文的大量发送,每发送一个 LLDP 报文后都需延迟一段时间后再继续发送下一个报文。

当设备的工作模式由 Disable/Rx 切换为 TxRx/Tx,或者发现了新的邻居设备(即收到一个新的 LLDP 报文且本地尚未保存发送该报文设备的信息)时,该设备将自动启用快速发送机制,即将 LLDP 报文的发送周期缩短为 1s,并连续发送指定数量的 LLDP 报文后再恢复为正常的发送周期。

当端口工作在 TxRx 或 Rx 模式时,设备会对收到的 LLDP 报文及其携带的 TLV 进行有效性检查,通过检查后再将邻居信息保存到本地,并根据 TTL(Time To Live,生存时间)的值来设置邻居信息在本地设备上的老化时间,若该值为零,则立刻老化该邻居信息。

2. 网络自动配置协议

由 IETF 制定的 NETCONF 是 OpenFlow 交换机配置管理的基础,它采用标准化的方法,为网络设备的管理提供一种适用于不同厂家产品的配置信息传送和设备状态检测的手段。相比于 SNMP 协议,NETCONFIG 具有如下一些特点。

(1) 提供可区别对待配置数据和非配置数的信息获取机制。
(2) 可充分扩展以便生产厂家使用一种协议来提供对所有数据的访问。
(3) 具有可编的接口,以避免用户通过交互式脚本在不同系统版本之间编指令。
(4) 使用 XML 格式的数据表示,易于用 XML 操作工具进行操控。
(5) 支持对已有的认证方式的兼容。
(6) 支持对已有配置数据库系统的整合。
(7) 支持多种数据存储以对配置数据的准备和启用进行优化设计。
(8) 通过锁定和摇回机制支持网络级别上的配置数据的交互。

(9) 运行于安全传输层，其中 SSH 为实现的必备项，TLS 为可选项。

(10) 支持异步通告。

(11) 支持通过 YANG 模块的接入控制和对接入控制的配置。

(12) 支持系统通告的 YANG 模块。

虽然 NETCONF 协议采用独立于具体数据模型的表示方法，IETF 为此运用了 YANG 的建模语言，针对配置管理引入高层抽象的语言功能。

1) NETCONF 协议

(1) 协议分层结构。NETCONF 协议采用了简化的远程过程调用(Remote Procedure Call，RPC)机制，并以 XML 格式编码自动配置消息，形成分层的协议结构。NETCONF 的最高层包括配置与状态数和通告数据，它通过操作层形成 XML 格式的消息，这些消息通过传送层转发。NETCONF 的传送层依赖有安全机制的协议栈，包括 SSH(Secure Shell)、TCL、BEEPTLS、SOAP/HTTP/TLS 等，其中 SSH 是必选项。

(2) 安全传送类型。不具有安全机制的网络服务程序，如 ftp、pop 和 telnet 等，其安全验证方式容易受到"中间人"(Man-in-the-middle)攻击，不能适用于设备管理和网络管理。SSH 提供两种级别的安全验证，即基于口令的验证和基于密钥的验证，具有较好"中间人"防范能力。

基于口令的验证，用于服务器对登录用户的授权访问。基于密钥的验证，涉及一对密钥，即公用密钥和私用密钥。公用密钥放在需要访问的服务器上，用户连接到 SSH 服务器时，客户端软件就会向服务器发出接入请求，服务器收到请求之后，先在该服务器上寻找到用户的公用密匙，然后把它和客户端发送来的密匙进行比较。如果两个密匙一致，服务器就用公用密匙加密"质询"(Challenge)并把它发送给客户端软件。客户端软件收到"质询"之后就可以用私有密匙解密再把它发送给服务器，从而避免被"中间人"攻击。

SSH 协议框架中设计了大量可扩展的冗余能力，如用户自定义算法、客户自定义密钥规则、高层扩展功能性应用协议。这些扩展大多遵循 IANA 的有关规定，特别是在重要的部分，如命名规则和消息编码方面。

SSH 是由客户端和服务端的软件组成的。服务端是一个守护进程(Daemon)，它在后台运行并响应来自客户端的连接请求。服务端进程，提供了对远程连接的处理，一般包括公共密钥认证、密钥交换、对称密钥加密和非安全连接。SSH 服务器通常在默认的 22 端口进行监听。当请求到来的时候 SSH 守护进程会产生一个子进程，该子进程进行连接处理。

一旦建立一个安全传输层连接，客户机就发送一个服务请求。当用户认证完成之后，会发送第二个服务请求。这样就允许新定义的协议可以与上述协议共存。连接协议提供了用途广泛的各种通道，有标准的方法用于建立安全交互式会话外壳和转发专有 TCP/IP 端口。

TLS(Transport Layer Security)是一种安全传输层协议，相比于 SSH，高层协议可以透明地分布在 TLS 协议上面。应用程序如何启动 TLS 以及如何解释交换的认证证书,由设计者和实施者判断。而 BEEP/TLS 和 SOAP/HTPP/TLS 则为此进行了有针对性扩展。

(3) 消息类型。NETCONF 采用 XML 格式的 RPC 完成消息传送,服务于操作的消息类型只有两种,即<rpc>和<rpc-reply>。

<rpc> 由 NETCONF 的客户端发送服务器,包含在 NETCONF 请求中。<rpc>中必须包含固定的 message-id 属性,用于请求与应答的对应。以下为 RPC 请求的示例:

```
<rpc message-id="101"
xmlns="urn:ietf:params:xml:ns:netconf:base:1.0">
<some-method>
<!-- method parameters here... -->
</some-method>
</rpc>
```

其中,XML 格式的第 1 行,属性 message-id 为"101",服务器必须以此作为应答时的标识。第 1 行用于标识此消息的命名域和版本,第 3~5 行为具体的过程名。最后一行表示 RPC 的结束符。

对于 NETCONF 的 get 操作,则 RPC 的调用形式为:

```
<rpc message-id="101"
xmlns="urn:ietf:params:xml:ns:netconf:base:1.0">
<get/>
</rpc>
```

其中,<get/>表示操作不带任何参数。

以下消息为 NETCONF RPC 的应答示例:

```
<rpc-reply message-id="101"
xmlns="urn:ietf:params:xml:ns:netconf:base:1.0">
<data>
<!-- contents here... -->
</data>
</rpc-reply>
```

其中,属性 message-id="101"与请求一一对应,<data>部分为请求操作的执行结果。

如果操作的执行没有任务数据结果,则用<ok/>替代上述<data>到</data>的部分。如果操作的执行发生了异常,则在响应消息中通过<rpc-errro>指明。以下为操作异常的消息示例:

```
<rpc-reply message-id="101"
xmlns="urn:ietf:params:xml:ns:netconf:base:1.0">
<rpc-error>
<error-type>rpc</error-type>
<error-tag>missing-attribute</error-tag>
<error-severity>error</error-severity>
```

```
            <error-info>
            <bad-attribute>message-id</bad-attribute>
            <bad-element>rpc</bad-element>
            </error-info>
            </rpc-error>
            </rpc-reply>
```

其中，错误类型(error-type)可以是：

① transport，表示安全传送层错误；

② rpc，表示消息错误；

③ protocol，表示操作协议错误；

④ application，标识 NETCONF 内容错误。

而错误等级(error-severity)可以是：error 或 warning。错误标签(error-tag)则为标识发生错语的条件。错误消息(error-message)所包含的内容，是可读的字符串，解释错误内容。

(4) 操作类型。NETCONF 的操作，是由客户端(应用程序)发起的，通过 RPC 消息送到服务器，在服务器端执行。NETCONF 的操作类型包括：

① 提交(Commit)，要求执行之前暂存的配置；

② 复制(Copy-config)，把存储的配置复制一份；

③ 删除(Delete-config)，把存储的配置删除；

④ 修改(Edit-config)，改变存储的配置内容；

⑤ 获到(Get-config)，取出存储的全部或部分配置；

⑥ 锁定(Lock)，组织其他客户端修改存储的配置；

⑦ 解锁(Unlock)，释放对存储配置的锁定。

上述操作类型，作为被管理设备的自动配置能力，可由设备向外通告。NETCONF 的能力通告，还包括存储单元、数据等，在会话建立时作为 hello 消息的一部分发布。NETCONF 的客户端通过检查 hello 消息来判定能否与一个设备完成特定的配置任务。

NETCONF 的中心内容，是基于 XML 的消息表示。为此，IETF 制定了 NETCONF 数据模型(NETMOD)规范，该规范采用了抽象的 YANG 模型。

2) YANG 数据模型

(1) YANG 模型概要。YANG 数据模型是专门为 NETCONF 内容而设计的数据表示模型。如前所述，NETCONF 采用了 XML 格式的数据表示。一般认为，XML 是一种通用的数据表示语言，针对不同的应用目标和应用领域，通常要引用更高级别的、抽象精练的语言形式。NETCONF 的设计人员，因此借用了中国传统文化中的阴阳理论，将 XML 表示的管理数据模型称为阴(YIN)，将抽象过的、便于人工阅读的数据模型称为阳(YANG)。阴阳互补，从不同的侧面表达同一对象的特点。

从网络设备管理的角度看，YANG 模型是管理信息的数据表示语言，在功能上与 SNMP 中所规范的管理信息库(MIB)非常相似。YANG 模型可以灵活地扩充，以便接纳正在发展中的管理信息内容。相比于 YIN 模型，YANG 模型更注重于数据信息的内在关系，而把其在 XML 中的具体定义形式，交由 YIN 模型去细化。

与普通的计算机语言相似，YANG 模型化语言也有语法规范。如类型叶子(leaf)，用于定义单一值、无包含、单一实例的数据对象。所以，针对以下定义：

```
leaf host-name {
type string;
mandatory true;
config true;
description "Hostname for this system";
}
```

对应的 XML 实例数据表示为：

```
<host-name>my.example.com</host-name>
```

其中，YANG 模型中，host-name 为 XML 数据的叶节点，取值为字符串，网络设备或实体必须配置，可以修改，其定义为系统的主机名；XML(YIN 模型的实例)中，my.example.com 即为被管理系统的域名。

(2) YANG 模型的基本类型。表 6-1 给出了 YANG 模型的 6 种类别的基本类型，其中：
① 类别 Integral 包括 int、uint、int8、int16、int32 和 int64；
② 类别 String 包括 string、enumeration 和 boolean；
③ 类别 Binary Data 包括 binary；
④ 类别 Bitfields 字段包括 bits；
⑤ 类别 References 包括 instance-identifier 和 keyref；
⑥ Other 的类型包括 empty。

在基本类型的基础上，可以组合约束申明定义一些派生类型，约束申明包括：range、length、pattern。除约束申明外，YANG 模型还提供了结构体的申请，包括：union、grouping、choice 等。完整的申明类别，列于表 6-2 中。

表 6-1 YANG 模型语言的内嵌类型

分类	类型
Integral	{,u} int{8,16,32,64}
String	string, enumeration, boolean
Binary Data	binary
Bit fields	bits
References	Instance-identifier, keyref
Other	empty

表 6-2 YANG 模型语言的申明类型

申明类型	说明
augment	对已有数据层次进行扩展
choice	定义相斥选项
container	定义数据层次
extension	为 YANG 模型添加新的申明
feature	指示模型中可选择部分
grouping	将数据定义成集合
key	定义链表的关键叶子节点

申明类型	说明
leaf	定义数据层次的叶子节点
leaf-list	定义可重复出现的叶子节点
list	定义可重复出现的数据层
notification	定义通告
rpc	为 RPC 操作定义输入输出参数
typedef	新类型定义
uses	为"grouping"增加内容

(3) NETCONF 应用。NETCONF 的客户端,通过 RPC 访问服务器。服务器与客户端使用 YANG 语言表示的相互可理解数据模型,且服务器所存储的元数据供 NETCONF 协议机访问,如图 6-2 所示。NETCONF 服务器在装入 YANG 模型库后,经编译或编码形成元数据。NETCONF 协议机处理客户的请求,利用元数据解析和证实请求的语义,再执行操作、返回结果结客户端。

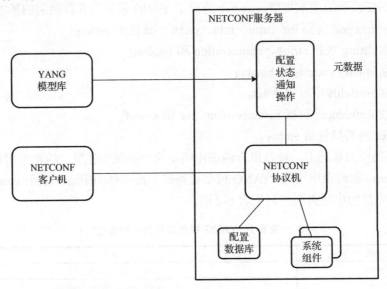

图 6-2 NETCONF 与 YANG 模型库的关系

客户端[C]与服务器[S]的典型交互流程如下:

① [C]建立与[S]的会话;
② [C]与[S]通过 hello 消息交换能力列表,[S]让[S]了解能支持的 YANG 模块;
③ [C]通过 XML 编码的 rpc 消息,建立并发送 YANG 模块定义的操作;
④ [S]解析所接收到的 rpc 消息;
⑤ [S]按 YANG 模块定义的数据模型检查 rpc 请求;
⑥ [S]执行 rpc 请求的操作;
⑦ [S]构造 rpc 响应的内容,填写操作执行的数据结果或错误信息;
⑧ [S]通过 XML 编码的 rpc-reply 消息;
⑨ [C]接收 rpc 响应并处理结果。

3) OF-CONFIG 的扩展

OF-CONFIG 作用于 OF 交换机与 OFCP 之间，在 NETCONFIG 的基础上进行扩展，由网络管理协议和管理数据模型组成。管理协议的功能需要满足以下几点。

(1) 协议具有完全性，包括完整性、私密性和可认证等，其中可认证具有双向能力，即交换机到 OFCP，以及 OFCP 到交换机。

(2) 协议确保配置请求和应答被可靠传送。

(3) 协议确保由 OFCP 发起的连接，也支持由交换机发起的连接。

(4) 协议能把部分交换机配置信息传送到交换机。

(5) 协议能把成批的交换机配置信息传送到交换机。

(6) 协议支持交换机配置数据的成批传送。

(7) 协议支持 OFCP 在交换机一侧实施配置数据的启用。

(8) 协议支持 OFCP 从交换机获取得到配置数据。

(9) 协议支持 OFCP 从交换机查询到得到状态信息。

(10) 协议支持 OFCP 在交换机一侧完成配置信息的创建、修改和删除。

(11) 协议能报告配置请求的成功结果。

(12) 协议能报告配置请求的部分失败或完全失败的错误代码。

(13) 协议所发送的配置请求，应不依赖于之前的完成情况。

(14) 协议应采用交易处理能力，包括对操作的摇回处理。

(15) 协议必须提供从交换机到 OFCP 的异常通告的手段，适用于带外方式修改交换机配置后，适时通告给 OFCP。

(16) 协议应具有可扩展能力。

(17) 协议应提供网络自动配置能力的报告。

到目前为止，SNMP 难以提供上述配置管理要求。一些厂家自定义的协议，虽然部分具备上述功能要求，但很难像 NETCONFIG 提供一个开放的体系。NETCONFIG 的扩展，其中心集中于数据模型的扩展，已有的面向设备系统、接口、IP 管理、路由的 YANG 扩展案例，足以说明 OF-CONFIG 的可行性。

3. SDN 交换机配置的数据模型

由 ONF 定义的 OpenFlow 交换机管理，基于 NETCONF 协议，其核心是采用 YANG 模型化语言所制定的 OF-CONFIG 数据模型。OF-CONFIG 进一步运用面向对象的方法，来组织数据模型，并制定出对应的 XML 编码。

1) 基本数据模型

图 6-3 描述了最高级别的基本数据类，包括派生关系与包含关系。其中，类结构的最上层，完成 OF-CONFIG 的客户端应用被定义为 OpenFlow 配置点 (OpenFlow Configuration Point，OFCP)，完成 OpenFlow 流表控制的控制器被定义为 OF 控制器。

OFCP 与 OF 物理交换机之间构成配置关系，图 6-3 中空心菱形所表示的聚合，其义指一台物理交换机可被多个 OFCP 管理。同样，OF 控制器与 OF 逻辑交换机构成控制关系，一台 OF 逻辑交换机可被多个 OF 控制器控制。

图 6-3 类结构图的第二层,实心菱形所表示的聚合,说明一个 OF 物理交换机由至少一个 OF 逻辑交换机聚合而成,一个 OF 逻辑交换机只包含一个交换机能力类。第三层的 OF 资源,包含在 OF 物理交换机中,可以被 OF 逻辑交换机使用。

图 6-3 类型结构图的第四层,是 OF 交换机被管理的核心数据类,空心三角符表示的泛化关系,表示 OF 端口的 OF 资源的具体派生。类似的关系还包括 OF 队列、OF 外部认证、OF 内部认证和 OF 流表。

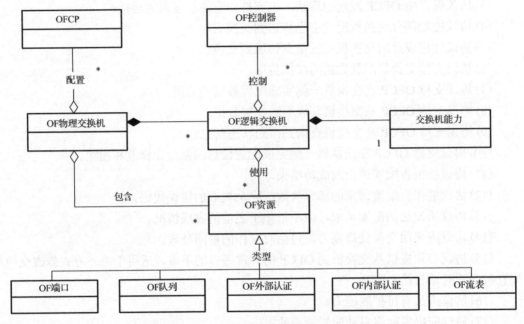

图 6-3 OF-CONFIG 数据模型的 UML 结构

2) 物理交换机

图 6-4 描述了 OF 物理交换机的数据类结构,以 OFConfigID 类型的变量 id 作为交换机标识,以字符串类型的变量 config-version 表示交换机数据模型的版本。OF 物理交换机包含一个以上 OF 资源和 OF 逻辑交换机,包含 0 个或多个 OFCP 类。

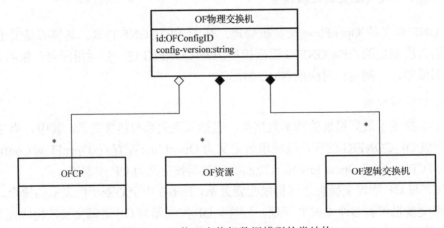

图 6-4 OF 物理交换机数据模型的类结构

(1) 类型 OFConfigID。图 6-4 中类型 OFConfigID，是 YANG 数据模型的扩展类型，ONF 给出的定义结构如下。

```
<!-- YANG typedefs -->
<xs:simpleType name="OFConfigId">
<xs:annotation>
<xs:documentation>
Generic type of an identifier in OF-CONFIG
</xs:documentation>
</xs:annotation>
<xs:restriction base="inet:uri">
</xs:restriction>
</xs:simpleType>
```

其中，<xs>表示 XML 架构(Schema)，用于定义 XML 文档里的数据元素。

<xs:simpleType>是 XML 规范要求的方式，定义一个简单类型，规定了与具有纯文本内容的元素或属性的值有关的信息以及对它们的约束。

在<xs:restriction base="inet:uri">指明 OFConfigID 严格基于"inet:uri"，后者引用了 RFC6021 定义的 ietf-inet-types 的 YANG 模块，该模块的前缀为 inet，uri 则为扩展定义类型。"inet:uri"为通用资源标识符(Uniform Resource Identifier, URI)的 XML 定义。所以，OFConfigID 的定义可以理解为 URI。

OF-CONFIG 的 YANG 模型库，针对 OFConfigID 的定义反映在以下代码片断中：

```
module of-config1.1.1 {
namespace "urn:onf:of111:config:yang";
prefix of11-config;
import ietf-yang-types { prefix yang; }
import ietf-inet-types { prefix inet; }
…
typedef OFConfigId {
type inet:uri;
description "Generic type of an identifier in OF-CONFIG";
}
…
}
```

(2) YANG 模型定义。OF 物理交换机的类型名为 capable-switch，类型为 container，因此具体定义如下。

```
container capable-switch {
leaf id {
type inet:uri;
mandatory true;
}
leaf config-version {
type string;
```

```
        config false;
    }
    container configuration-points {}
    container resources {}
    container logical-switches {}
}
```

(3) OF 物理交换机 XML 示例。OF-CONFIG 客户端对特定交换机的配置请求,用 XML 表示的数据形式如下:

```
<capable-switch>
<id>CapableSwitch0</id>
<configuration-points>
...
</configuration-points>
<resources>
...
</resources>
<logical-switches>
...
</logical-switches>
</capable-switch>
```

3) 交换机配置点

OpenFlow 配置点,是通过 OF-CONFIG 协议管理交换机的实体。OFCP 的属性用来确定其与 OF 物理交换机通信所使用的协议。存储在 OF 交换机内的 OFCP 列表,表示正在管理和曾经管理过该交换机的管理实体。图 6-5 为 OFCP 数据类的结构。

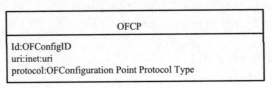

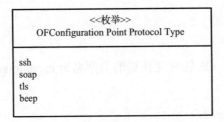

图 6-5 OFCP 数据类的结构

图 6-5 中枚举类型 OFConfiguration Point Protocol Type 的 XML 定义如下:

```
<xs:simpleType name="OFConfigurationPointProtocolType">
<xs:restriction base="xs:string">
<xs:enumeration value="ssh"/>
```

```
<xs:enumeration value="soap"/>
<xs:enumeration value="tls"/>
<xs:enumeration value="beep"/>
</xs:restriction>
</xs:simpleType>
```

4) 逻辑交换机

OF 逻辑交换机是由控制器通过 OpenFlow 协议控制的逻辑实体,是物理交换机的交换机功能实例。OF 逻辑交换机可连接到一个或多个 OF 控制器,并使用物理交换机的资源来支撑 OpenFlow 协议功能。图 6-6 描述了 OF 逻辑交换机的数据模型类结构。

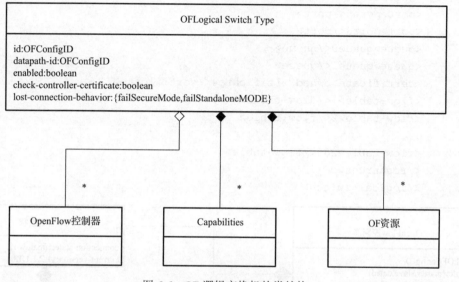

图 6-6　OF 逻辑交换机的类结构

OF 逻辑交换机,即图 6-6 定义的 OFLogical Switch Type,各属性的功能说明如下:

(1) datapath-id,是控制器管理的 URI 地址。

(2) enabled,表明该交换机能否被相应的 OF 控制器控制。

(3) check-controller-certificate,规定与 OF 控制器连接时是否需要认证。

(4) lost-connection-behavior,规定了连接中断时的按 OpenFlow 的要求的工作模式。

OF 控制器的数据类的定义如图 6-7 所示。OF 逻辑交换机可被 0 或多个控制器控制,因此与 OF 控制器构成图 6-7 所示的聚合关系。

OF 逻辑交换机的能力数据类定义如图 6-8 所示。OF 逻辑交换机可具有 1 或多个能力,因此与能力数据类构成图 6-6 所示的聚合关系。

OF 控制器与交换机能力中,有关属性的详细定义及说明可以参见 ONF 的规范文档。以下是 OF 逻辑交换机实例(id 为 LogicalSwitch5)的示例:

```
<logical-switch>
<id>LogicalSwitch5</id>
<capabilities>
...
```

```
<capabilities>
<datapath-id>datapath-id0</datapath-id>
<enabled>true</enabled>
<check-controller-certificate>false
</check-controller-certificate>
<lost-connection-behavior>failSecureMode
</lost-connection-behavior>
<controllers>
...
</controllers>
<resources>
<port>port2</port>
<port>port3</port>
<queue>queue0</queue>
<queue>queue1</queue>
<certificate>ownedCertificate4</certificate>
<flow-table>1</flow-table>
<flow-table>2</flow-table>
...
<flow-table>255</flow-table>
</resources>
</logical-switch>
```

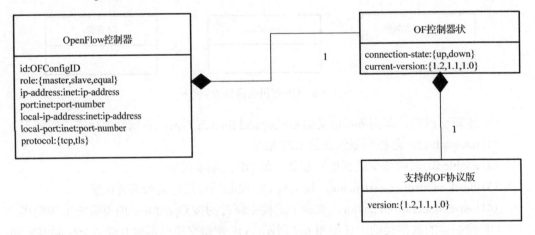

图 6-7 OF 控制器的类结构

5) 交换机资源

OpenFlow 交换机的资源包括 5 类，分别为：端口（OpenFlow Port）、缓冲队列（OpenFlow Queue）、本地证书（Owned Certificate）、外部证书（External Certificate）和流表（Flow Table）。5 类资源均从基类 OFResourceType 派生。

基类 OFResourceType 只有一个属性，名为 resource-id，类型为 inet:uri。OF-CONFIG 操作交换机资源时，在<edit-config>中必须明确给出 resource-id；在 merge 或 replace 操作中，如果没有明确给出 resource-id，则由交换机创建；在 create 操作中，如果所给的 resource-id

的资源已存在，则返回 data-exists 的错误；如果<delete>操作中未给出 resource-id，则返回 data-missing 的错误。

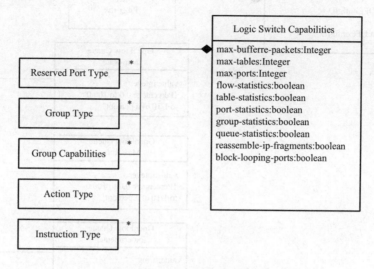

图 6-8　逻辑交换机能力的类结构

图 6-9 给出了端口的类结构，图 6-10 描述了缓冲队列的类结构，图 6-11 为流表的类结构，认证证书的类结构可以参见 ONF 的相关规范文档。

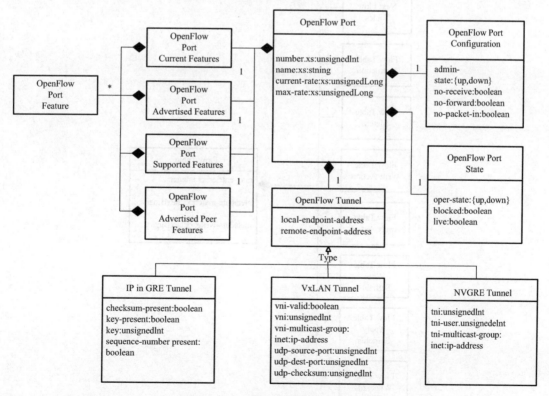

图 6-9　OF 交换机端口特性的类结构

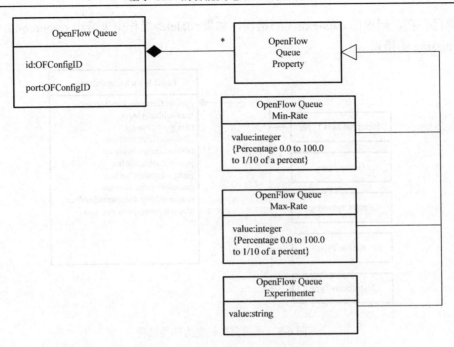

图 6-10　OF 交换机缓冲队列的类结构

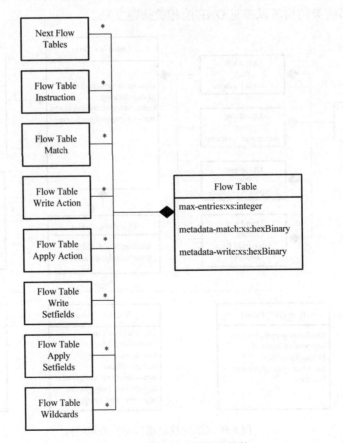

图 6-11　OF 交换机流表的类结构

4. 链路层网络拓扑管理

LLDP(Link Layer Discovery Protocol,链路层发现协议)是 IEEE 802.1AB 中定义的第二层发现协议。在网络规模迅速扩大时,网管系统可以通过 LLDP 快速获取二层网络拓扑信息和拓扑变化信息。

通常,支持 LLDP 协议的设备同时支持 SNMP(Simple Network ManagementProtocol) MIB 库,存储本地状态信息(如设备 ID、接口 ID、管理地址等信息),可以向其邻居节点发送本地状态信息及状态更新的信息。邻居节点将接收到的信息存储在标准的 SNMP MIB 库中以便网管系统提取。

LLDP 不仅可用于 IEEE 802.3 以太网技术组织的二层网络,也可用于 IEEE 802.11WLAN,得到 AP 的邻居关系(包括 AP 以及 AP 直连的交换机)。通过 LLDP 标准协议,AP 将本地 LLDP 信息通过标准的 LLDP TLV(Type Length Value,类型长度值)定期向邻居发送组播报文。如果邻居 AP 也使能了 LLDP 功能,则双方建立邻居关系,如果 AP 上行口连接的是交换机(具备 LLDP 功能的设备),同时该交换机使能了 LLDP 功能,则交换机也将是 AP 的邻居,AP 将向交换机发送 LLDP 信息,同时接收交换机发送的 LLDP 组播报文。

1) LLDP 帧格式

LLDP 的帧格式如图 6-12 所示,其中目的(Destination) MAC 地址字段,为固定的组播 MAC 地址,其值为 0x0180-C200-000E;类型(Type)字段,其值固定为 0x88CC。其他字段的用法与 IEEE 802.3 的用法相同。

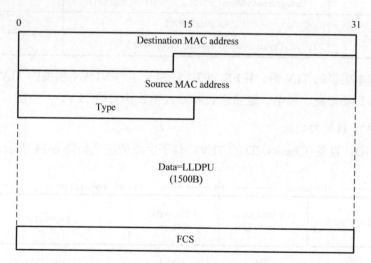

图 6-12 LLDP 帧格式

LLDP 数据单元(LLDP Data Unit,LLDPDU)就是封装在 LLDP 报文数据部分的数据字段。在组成 LLDPDU 之前,设备先将本地信息封装成 TLV 格式,再由若干个 TLV 组合成一个 LLDPDU 封装在 LLDP 报文的数据部分进行传送。

图 6-13 描述了 LLDPDU 的结构,共可携带 28 种 TLV,其中前 3 个字段,即 Chasis ID

TLV、Port ID TLV 和 TTL TLV，以及结尾字段 End TLV 是必备字段，其余的 TLV 则为可选字段。

| Chassis ID TLV | Port ID TLV | TTL TLV | Optional TLV | ... | Optional TLV | End TLV |

图 6-13 LLDPU 的结构

TLV 是组成 LLDPDU 的单元，每个 TLV 都代表一个信息。LLDP 可以封装的 TLV 包括基本 TLV、IEEE 802.1 定义的 TLV、IEEE 802.3 定义的 TLV 和 LLDP-MED（Media EndpointDiscovery，媒体终端发现）TLV。表 6-3 列出 LLDPU 包换的 TLV 清单。

表 6-3 LLDPU 包换的 TLV 清单

TLV 类型值	TLV 名称	LLDPU 是否必备
0	End of LLDPDU（LLDPU 结尾）	是
1	Chassis ID（设备 ID）	是
2	Port ID（端口 ID）	是
3	Time to Live（时效值）	是
4	Port Description（端口说明）	否
5	System Name（系统名）	否
6	System Description（系统说明）	否
7	System Capability（系统能力）	否
8	Management Address（管理地址，即管理对象的 OID）	否
9～126	Reserved（未用）	—
127	Organizationally Specific TLVs（机构专用）	否

除以上基本类型的 TLV 外，IEEE 802.1 还定义了与 VLAN 相关的 TLV，IEEE 802.3 还定义了端口自动协商、供电、链路聚合和最大帧长相关的 TLV。

2）基本类型 TLV 的功能

（1）设备 ID。设备（Chassis）ID 的 TLV，其子字段的格式如图 6-14 所示。

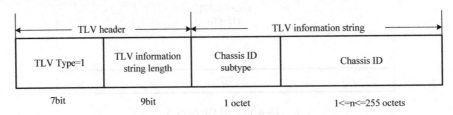

图 6-14 设备 ID TLV 的子字段结构

字段 TLV Type 值为 1，占 7 个 bit；TLV information string length 是指此 TLV 的长度，占 9 个 bit；剩下的内容是指 TLV information string，其中第一个字节，是指此 TLV 的子类型，余下为 TLV 的值。表 6-4 给出不同子类型及其值的含义。

表 6-4 设备 ID TLV 子类型的含义

子类型	作用	对应于 MIB 的说明
1	Chassis component（设备组件）	指 IETF RFC 2737 的 entPhysClass 的别名
2	Interface alias（接口别名）	IETF RFC 2863 的 IfAlias
3	Port component（端口组件）	IETF RFC 2737 的端口或背板
4	MAC address（MAC 地址）	MAC 地址
5	Network address（网络地址）	NetworkAddress
6	Interface name（接口名）	IETF RFC 2863 的 ifName
7	Locally assigned（本地作用）	局部使用
0，8~255	Reserved（未用）	—

(2) 端口 ID。端口 ID TLV 的格式如图 6-15 所示。

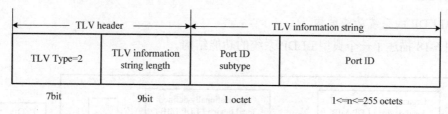

图 6-15 端口 ID 的 TLC 子字段结构

端口 ID TLV Type 值为 2，同样占 7 个 bit；接着为此 TLV 长度指示位，占 9bit；在它的 TLV information String 中，有 1 个字节的子类型以及 1~255 字节的值。根据不同的子类型，其端口 ID 值的含义又有所不同，如表 6-5 所示。

表 6-5 端口 ID TLV 子类型含义

子类型	作用	对应于 MIB 的说明
1	Interface alias（接口组件）	IETF RFC 2863 的 IfAlias
2	Port component（端口组件）	IETF RFC 2737 的端口或背板
3	MAC address（MAC 地址）	MAC 地址
4	Network address（网络地址）	NetworkAddress
5	Interface name（接口名）	IETF RFC 2863 的 ifName
6	Agent circuit ID（代理电路 ID）	IETF RFC 3046 的代理电路 ID
7	Locally assigned（本地作用）	局部使用
0，8~255	Reserved（未用）	—

(3) TTL。时效（Time to Live，TTL）TLV 的格式如图 6-16 所示，其中 TTL 子字段是以秒为单位的有效时长，表示所发送的拓扑信息的有效时间，取值的范围为 0~65535。

TLV Type=3	TLV information string length=2	TTL
7bit	9bit	2 octets

图 6-16 TTL 的 TLV 子字段结构

(4) LLDPDU 尾 TLV。LLDPDU 尾 TLV 字段格式如图 6-17 所示，它的含义是为了标识一个 LLDPDU 的结束。

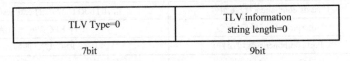

图 6-17　END TLV 子字段结构

End TLV 只有类型和长度，没有 TLV information string 字段，其类型值 Type 为 0，占 7bit；长度值为 0，占 9bit。

当端口的状态发生改变(如禁用 LLDP，或者端口关闭)时，端口会向邻接设备发送一个 LLDPDU，其中 TTL TLV 中的 TTL=0，这个报文起到关闭通知的作用。

3) LLDP 的系统功能结构

图 6-18 描述了一个典型 LLDP 系统的功能结构。

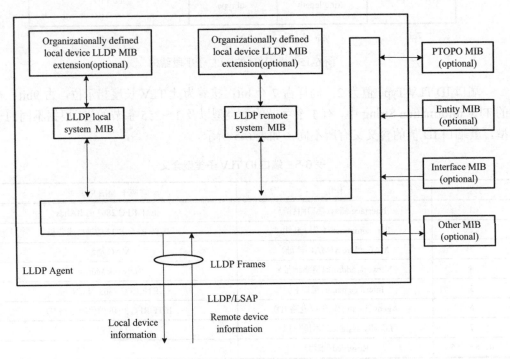

图 6-18　LLDP 系统的典型功能结构

LLDP 是一个二层拓扑结构发现协议，其工作机理是，网络中设备向其邻接设备发出其状态信息的通知，并且所有设备的每个端口上都存储着自己的信息，如果本地设备有状态发生变化，还可以向与它直接连接的近邻设备发送更新的信息，近邻的设备会将信息存储在标准的 SNMP MIB 库。网络管理系统可以从 SNMP MIB 库查询出当前第二层的连接情况。

图 6-18 中，图右边的四个 MIB 库：PTOPO MIB、Entity MIB、Interface MIB 以及 Other

MIB，它们分别对应物理拓扑 MIB、实体 MIB、接口 MIB 和其他 MIB。LLDP 代理（Agent）就是通过与设备上的这些 MIB 的交互，来更新自己的 LLDP local system MIB 库以及自定义的 LLDP 扩展 MIB，然后通过 LLDP 的帧，将自己的相关信息通过连接到远端设备的接口，发送给远端设备。

同时，LLDP 代理接收远端设备发过来的 LLDP 帧，来更新 LLDP 远端系统 MIB 库。这样，此设备会通过所有连接到相邻设备上的接口，来更新或者维护自己的远端 LLDP 系统 MIB 库。通过这个 MIB 库，就很清楚地知道了自己相邻的设备的信息，包括连接的是远方设备的哪个接口，连接的远端设备的桥 MAC 地址，等等。整个 LLDP 模块的收发信息，都是通过 MIB 来组织的。

LLDP 协议需要完成的功能包括：

(1) 初始化并维护本地 MIB 库中的信息。
(2) 从本地 MIB 库中提取信息，并将信息封装到 LLDP 帧中，以一定的时间间隔或者当设备状态发生变化时，将 LLDP 帧发送出去，通告邻接设备。
(3) 对收到的 LLDP 帧进行确认和处理。
(4) 通过收到的 LLDP 帧维护远端设备 LLDP MIB 信息库。
(5) 当 Local System MIB 或 Remote System MIB 中有信息发生变化时，向网管上报。

6.1.2 基于 SDN 的智能变电站网络管理应用

SDN 采用集中式管理的机制，通过配置流表实施业务部署的方式，为业务合理分配网络资源。这不仅精细地区分和隔离了各种流业务，也弥补了传统网络管理系统在这方面的先天缺陷。由于 SDN 交换机可以在全部协议层次上进行流的区分和计数，因此基于 SDN 的网络管理应用也就具备了各流区分管理的能力。SDN 控制器具备配置全网的所有交换设备的流表项的能力，这不仅可以解决传统网管系统不能完全配置路由表的问题，还可以通过控制器下发配置的流表来执行各种网络业务的转发策略。本书提出的基于 SDN 的智能变电站网络管理应用主要涵盖以下三个功能。

1. 网络拓扑信息管理功能

网络拓扑结构是各种网元设备之间的互联关系。网络拓扑结构由节点和链路两个基本要素组成。当采集到被认为是稳定的网络拓扑信息时，就可以对该信息的表示形式进行不同的模型化工作。这样就可以把管理系统内部使用或外部使用的拓扑信息以最好的形式表示出来。

在 SDN 中，OpenFlow 交换机的发现协议是 LLDP。LLDP 收集的信息可以用来构建网络的拓扑结构。LLDP 协议在交换机端口上默认是被启用的。SDN 控制器收到的发现帧（Discovery Frame）信息是被中继传送过来的，而不是直接从与远程交换机的通信中得到的。SDN 控制器通过收集这些信息形成网络拓扑结构的集中式视图，然后再把这个视图转发回邻居交换机。

SDN 通过 LLDP 收集网络拓扑信息，包括系统名称和说明、端口名称和描述、VLAN 名称和标识符、IP 网络管理地址、设备的能力（如交换机、路由器或服务器）、MAC 地址和物理层信息、电源信息等，并且把这些拓扑信息存储在交换机中的数据库。最后控制器通过交换机获取该数据库中的拓扑信息。

图 6-19 所示为由两台交换机组成的非常基本的网络。整个网络都在顶部 SDN 控制器的控制之下。

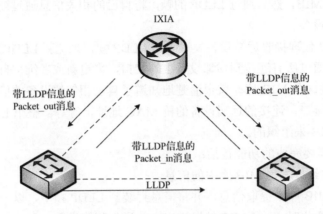

图 6-19　交换机端口发现协议 LLDP

OpenFlow 的网络通过发现与使用 Packet_in 和 Packet_out 的消息来实现。如前所述，当网络的各端口收到邻居发现的信息时，这些信息被交换机通过处理"Packet_in"规则的方式转给 SDN 控制器。之后 SDN 控制器将这些信息转发给邻居交换机，这样邻居交换机就可以掌握其 MAC 地址。更重要的是，智能变电站的网络拓扑结构数据库通过 LLDP 发现协议来构成，并且可以根据现场通信网络的实时状态更新网络拓扑结构数据库。

2. 故障检测功能

智能 IED 故障检测、交换机故障检测、链路故障检测及功能控制器切换能够自动监听网络中各个智能 IED 与交换机以及各个链路的连接状态，一旦正在工作的智能 IED 或交换机出现故障，就可以将业务流导到健康的智能 IED 或交换机上，以保障客户的服务不受影响。一旦出现某条 GOOSE 断链、SV 通道异常报警或者链路故障时，就将此路径上的数据流切换到另外一条冗余路径，以保障客户的请求不受干扰。如图 6-20 所示，一旦网络中节点或链路发生故障，那么控制器后台应用将会接收到 OpenFlow 协议中的端口状态变化消息(Port Status Message)。通过对该消息的解析就可以定位到故障的节点或链路。即可更新该节点或链路的健康状态，并对旧规则进行删除，之后重新构造包含新节点 MAC 地址的 ARP 回复给需要通信的节点，或者重新选择一条健康的最短路径，最后动态更新流表规则。

3. QoS 保证

由于 OpenFlow 协议提供队列管理的消息接口，因此可对交换机的队列进行配置，设置其最大速率及最小速率(最小速率即可实现带宽保障)，并且可设置将一条流与对应的队列关联的流表。

QoS 保证功能：由于 OpenFlow 协议提供队列管理的消息接口，因此可对交换机的队列进行配置(如 OpenvSwitch 的队列)，包括设置其最大速率及最小速率，并且可设置将一条流与对应的队列关联的流表。例如，HTTP 流若想保障其带宽为 10kbit/s，那么可以先配置某个队列，将其最小速率设为 10kbit/s，再配置流表的匹配域为 tcp_dst_port=80，且 action 设置为将该流转发至相应的队列，即可完成流表到队列的映射。具体流程如图 6-21 所示。

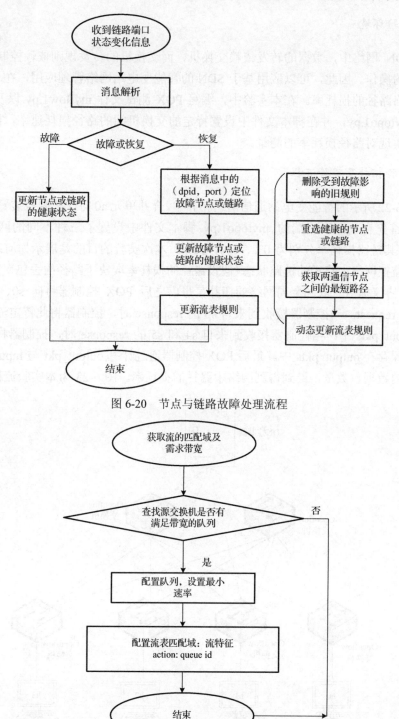

图 6-20　节点与链路故障处理流程

图 6-21　QoS 保证功能

6.1.3 基于 SDN 的智能变电站网络拓扑管理仿真实现

1. 实验环境

在 SDN 网络中,数据的转发依赖交换机,而交换机的转发规则依赖控制器对交换机下发流表的操作。因此,可以应用基于 SDN 的智能变电站网络管理应用,在 SDN 控制器端测量网络路径的损耗率。在本实验中,编写 POX 测试文件 myflow1.py 以及 Mininet 拓扑文件 mytopo1.py,并在脚本文件中设置特定的交换机间的路径损耗速率,即可在 POX 控制器端实现对路径损耗率的测量。

2. 实验拓扑及实验流程

在图 6-22 所示的智能变电站通信网络拓扑中,合并单元 h0 向保护测控装置 h1 发送 smv 数据包,首先在 mininet 端的 mytopo1.py 脚本文件中设置了三种不同的网络链路状态 Linkopts,其链路损耗率分别为 0%、5%、10%。本次实验的目的是展示如何通过 POX 控制器实时监控网络中路径的链路状态(假设路径的损耗率取决于路径的丢包率)。控制器利用 LLDP 协议提前获取到全局网络的拓扑信息,之后 POX 控制器将向 s0、s4、s5 发送 flow_stats_request。当控制器接收到来自 s0 的 response 时,控制器将此特定流的数据包数保存在 input_pkts 中;当控制器接收到来自 s4 和 s5 的 response 时,控制器将此特定流的数据包数保存在 output_pkts 中。最后 POX 控制器通过计算 output_pkt 与 input_pkt 的差值得到丢失的数据包数量,最到得到网络中路径的损耗率。图 6-23 为本实验流程图。

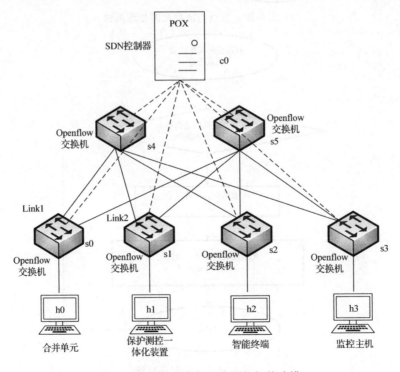

图 6-22 智能变电站通信网络拓扑建模

第6章 基于SDN的智能变电站通信网络管理优化

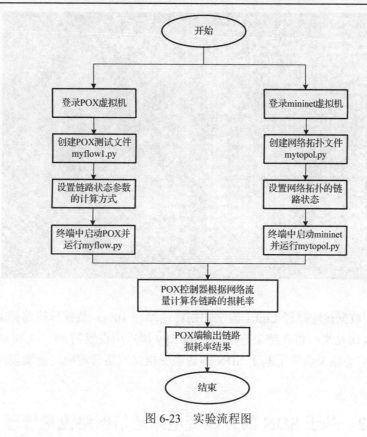

图6-23 实验流程图

3. 仿真结果及分析

先后运行脚本 myflow1.py 和 mytopo1.py，在 POX 控制器端可监控网络中所有链路的链路状态。本书以监控 Link1 和 Link2 的路径损耗率为例，分别得到图6-24和图6-25的监控结果。

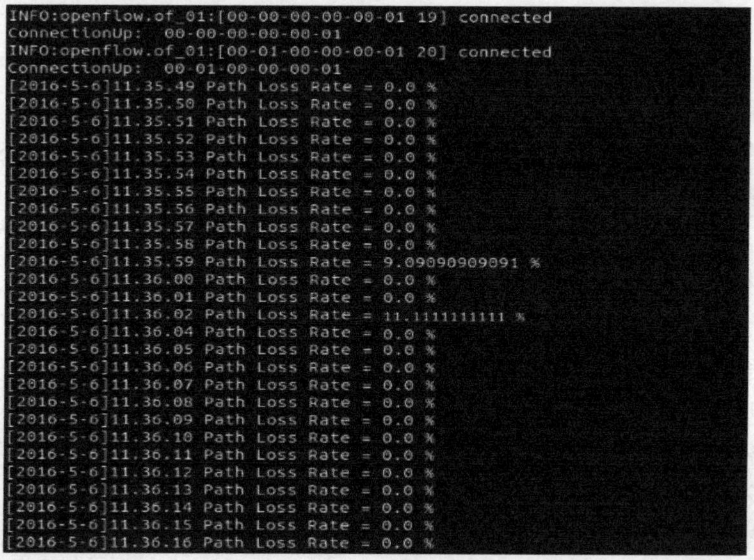

图6-24 Link1 的路径损耗率

```
INFO:openflow.of_01:[00-00-00-00-00-01 11] connected
ConnectionUp:    00-00-00-00-00-01
INFO:openflow.of_01:[00-01-00-00-00-01 12] connected
ConnectionUp:    00-01-00-00-00-01
[2016-6-24]16.38.36 Path Loss Rate = 0.0 %
[2016-6-24]16.38.37 Path Loss Rate = 0.0 %
[2016-6-24]16.38.38 Path Loss Rate = 0.0 %
[2016-6-24]16.38.39 Path Loss Rate = 0.0 %
[2016-6-24]16.38.40 Path Loss Rate = 0.0 %
[2016-6-24]16.38.41 Path Loss Rate = 0.0 %
[2016-6-24]16.38.42 Path Loss Rate = 0.0 %
[2016-6-24]16.38.43 Path Loss Rate = 0.0 %
[2016-6-24]16.38.44 Path Loss Rate = 0.0 %
[2016-6-24]16.38.45 Path Loss Rate = 0.0 %
[2016-6-24]16.38.46 Path Loss Rate = 0.0 %
[2016-6-24]16.38.47 Path Loss Rate = 0.0 %
[2016-6-24]16.38.48 Path Loss Rate = 0.0 %
[2016-6-24]16.38.49 Path Loss Rate = 0.0 %
[2016-6-24]16.38.50 Path Loss Rate = 0.0 %
[2016-6-24]16.38.51 Path Loss Rate = 0.0 %
[2016-6-24]16.38.52 Path Loss Rate = 0.0 %
[2016-6-24]16.38.53 Path Loss Rate = 5.55555555556 %
[2016-6-24]16.38.54 Path Loss Rate = 5.26315789474 %
[2016-6-24]16.38.55 Path Loss Rate = 0.0 %
INFO:openflow.of_01:[00-00-00-00-00-01 11] closed
INFO:openflow.of_01:[00-01-00-00-00-01 12] closed
```

图 6-25　Link2 的路径损耗率

可以观察到数据传输路径 Link1 的平均损耗速率在 10%，数据传输路径 Link2 的平均损耗速率在 5%，而且实验仿真结果与在 mytopo1.py 脚本中设置的 s0~s4 和 s0~s5 的损耗速率都相吻合。实验结果表明了基于 SDN 的智能变电站网络管理应用能实现对全站网络设备的主动监控。

6.2　基于 SDN 的智能变电站通信网络流量管理

6.2.1　智能变电站过程层网络风险点分析

智能变电站间隔层保护以及测控装置的输入输出值均依赖于过程层的网络通信，一旦出现过程层网络不稳定或带宽不足的情况，就会影响保护动作的正确性，甚至威胁整个电气二次系统的稳定性。因此，过程层网络流量的管理对提高网络的稳定性和可靠性有着至关重要的作用。过程层网络流量具有以下特点。

(1) 为了满足 IEC 61850 对 SV、GOOSE 报文的实时性要求，SV、GOOSE 报文均直接映射到数据链路层，不经过 TCP/IP 协议栈的封装，直接根据 MAC 地址传输。

(2) SV、GOOSE 报文均采用"订阅/发布"的通信机制，采用组播方式进行传输，达到一发多收和控制转发范围的目的。

(3) 从流量上看，系统正常情况下 GOOSE 流量不大，但当系统遇到严重的故障时会产生有很大的突发流量；而 SV 报文流量很大，但非常平稳。

智能变电站过程层网络主要存在以下风险。

(1) 业务流量。过程层网络本身的业务流量较大，主要体现为 SV 报文流量。

(2) 突发流量。当过程层网络遇到故障时会产生瞬时突发流量。

(3) 网络风暴。当过程层网络设备受到攻击时，网络中的总流量会突增到正常时的数倍，这将导致过程层网络的瘫痪。

针对上述网络存在的风险通常采取如下防范措施。

(1) 启动交换机中组播、广播和未知单播的风暴抑制功能，抵御异常流量对网络发起的攻击。

(2) 为不同报文分别指定不同的 VLAN ID，根据 VLAN ID 在交换机上划分相对应 VLAN 域，进而保证传输过程中不同业务的隔离性，同时根据目的 MAC 地址（可区分 GOOSE，SV）、以太网类型（可区分 MMS）进行识别并限制流量。

6.2.2 基于 SDN 的智能变电站通信网络流量管理系统应用

1. 集成 OpenFlow 和 IEC 61850

依据 IEC 61850 标准制定的 SCD（系统配置）文件包含智能变电站的结构、布局以及工程情况等，它对推动变电站的发展起着关键性作用。为了集成 IEC 61850 通信模型和 OpenFlow 数据模型，先对工程设计得到的 SCD 文件进行解析，解析后对智能变电站结构、IEC 61850 协议标准、变电站业务配置信息和各智能设备的行为能力及互操作性进行了解，再根据 OpenFlow 协议将解析后的 IEC 61850 通信模型转换为流表形式的数据模型。流表是 SDN 交换机转发数据的依据，而通过 SDN 控制器，应用层上的流量管理应用对收集的流量信息进行分析，决定是否更改路由或丢弃数据流，之后通过控制器给交换机统一下发流表实现系统性能的改善以及流量的管理，这样便可以建立起工程设计和控制器应用平台之间的联系。图 6-26 为解析流程图。

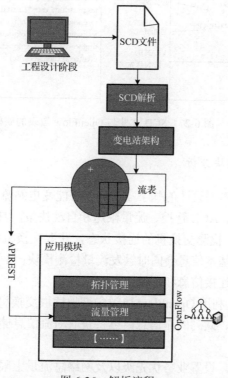

图 6-26 解析流程

2. 应用技术分析

通常情况下，在 SNMP 协议的软件测试系统或专用硬件设备的基础上可以实现对流量的管理，但利用 SNMP 协议收集到的网络运行的状态信息主要集中在 2~3 层，无法区分隶属于不同协议的流量。本书提出的智能变电站流量管理应用是基于 SDN 的架构而设计的。该应用不需要增加任何专用硬件设备，控制器直接利用 OpenFlow 协议采集全局网络的状态信息和网络设备的流量信息，并将采集得到的流量信息储存在控制器，并通过直接获取交换机中流表项计数器的值来分析网络流量情况，之后根据分析结果执行应用中相应的流量管理策略，从而实现对全局网络的流量监控和管理。OpenFlow 流表项的匹配域涵盖了 2~4 层的全部标记，包括进出端口、VLAN ID、VLAN 优先级、MAC 源/目的地址、Ethernet 类型、Ethernet 源/目的地址、IP 源/目的地址、IP 协议、IP 优先级和 TCP/UDP 源/目的端口等。因此，控制器通过读取交换机中流表项的计数器来获取网络中的流量信息。图 6-27 以 MMS 报文为例展示 SCD 文件与 OpenFlow 流表之间的映射关系。

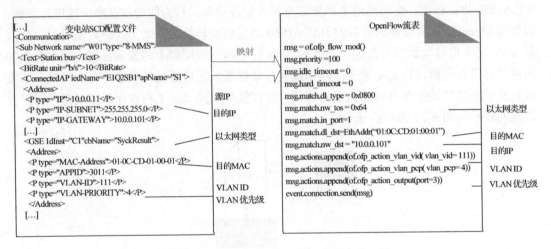

图 6-27 SCD 文件与 OpenFlow 流表的映射

3. 流量管理应用模块分析

从实现机制来看，本书设计的基于 SDN 的智能变电站流量管理应用主要功能模块包括状态检测、流量检测、ACL 管控、流量限速和自动决策，具体设计如图 6-28 所示。

(1) 状态检测模块。检测交换机的连接状态，获取交换机的基本信息。当交换机连接正常时，存储交换机的基本信息会同时触发流量检测模块；而当交换机连接异常时，控制器则无法获取交换机的连接信息和基本信息。

(2) 流量检测模块。利用 OpenFlow 协议定期地读取交换机中流表项的计数器值，从而获取每个交换机、端口、队列的流信息，再将获取的流信息储存于控制器，并对其进行分析计算。

(3) ACL 管控模块。设置业务优先级以及网络总流量上限。当网络流量达到上限时，优先保障优先级高的业务的传输，延缓优先级低的业务的传输。

第 6 章 基于 SDN 的智能变电站通信网络管理优化

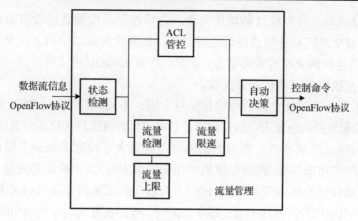

图 6-28 流量管理应用设计结构

(4) 流量限速模块。添加或者删除基于不同源/目的端口、源/目的 IP 以及源/目的 MAC 的流量速率上限(默认上限为交换机端口最大速率),并设置对超过上限的数据流所要执行的操作,如丢弃、延迟发送、转发至控制器处理等。

(5) 自动决策模块。自动生成相应决策的流表项,并执行下发流表项的操作命令。

4. 工作流程

图 6-29 为流量管理应用的工作流程图。

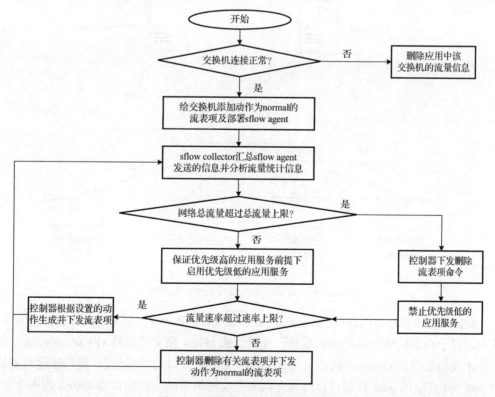

图 6-29 流量管理应用的工作流程

(1) 程序启动后，首先进行初始化处理，之后控制器检测底层设备的连接情况。若连接正常，则读取交换机设备信息；若连接异常，则删除控制器中有关该交换机可能存在的信息。然后根据读取的交换机设备信息，下发动作为 normal（正常转发）的流表项给交换机，就可以使网络交换设备正常转发数据包。

(2) 设置不同业务的优先级、网络总流量上限、不同流的速率上限以及执行动作。

(3) 定期读取交换机中流表项的计数器，并将收集的流信息统计并分类存储到控制器中。

(4) 计算网络总流量。当计算得到的网络总流量大于设置的流量上限值时，延缓或禁止优先级较低的应用服务（即删除交换机中相关的流表项）。当网络总流量小于流量上限值时，恢复优先级较低的应用服务（生成相应的流表项并添加到交换机的流表中）。

(5) 当交换机端口的流量速率超过速率上限时，根据设置的动作生成相应的流表项并下发交换机；如果交换机低于流量上限，则删除对应的流表项并下发动作为 normal 的流表项。

6.2.3 基于 SDN 的智能变电站通信网络流量管理仿真实现

1. 实验环境

本次实验是在一台物理机上实现 mininet 部署、FloodlightPOX 控制器部署和 sFlow collector 部署。通过 mininet 模拟一个 Switch 和四台 host，在 mininet 中配置 sFlow agent，控制器选择 Floodlight，sFlow collector 选择 sFlow-rt。实验拓扑如图 6-30 所示。

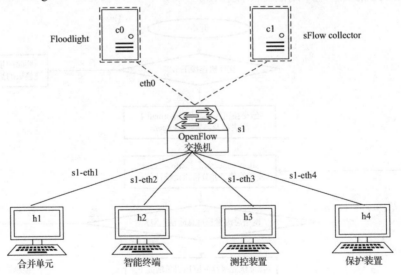

图 6-30　智能变电站过程层网络拓扑建模

sFlow 的部署分为两部分：sFlow agent 和 sFlow collector。sFlow agent 被部署于网络设备中，用于获取网络设备的实时信息，并封装成 sFlow 报文发送给 sFlow collector。

本实验选择的 sFlow-rt 软件可统计到每个交换机接口的流量信息，我们通过对 sFlow-rt 中 rest api 获取的 json 数据进行解析并判断可实施的策略。例如，在 DDoS 攻击下可调用 Floodlight 的 static flow entry pusher 丢弃 DDoS 攻击包进行防御。

2. 实验流程及配置

图 6-31 所示为本实验流程图。

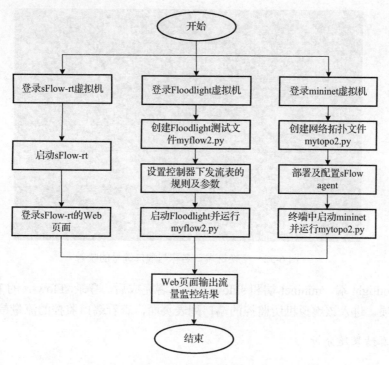

图 6-31 实验流程图

以下是实验配置具体步骤。

(1) 部署 sFlow-rt 端。

步骤 1：登录 sFlow-rt 虚拟机。

步骤 2：打开 terminal，切换到 root 用户。

步骤 3：打开 sFlow-rt 目录并启动 sFlow-rt。

步骤 4：打开浏览器，登录 sFlow-rt 的 Web 页面。

(2) 部署 Floodlight 控制器端。

步骤 1：登录 Floodlight 虚拟机。

步骤 2：打开 terminal，切换到 root 用户。

步骤 3：打开 Floodlight/example 目录，创建 Floodlight 测试文件 myflow2.py。

步骤 4：设置控制器下发流表的规则及流表参数。

步骤 5：启动 Floodlight 控制器并运行 myflow2.py 文件。

(3) 部署 mininet 端。

步骤 1：登录 mininet 虚拟机。

步骤 2：打开 terminal，切换到 root 用户。

步骤 3：打开 /home/mininet 目录并创建文件 mytopo2.py。

步骤 4：启动 OvS 的 sFlow 功能，并配置 sFlow agent。

步骤 5：启动 mininet 并运行 mytopo2.py 文件，生成网络拓扑结构。

图 6-32 为交换机配置成功后交换机端口名称与端口编号的映射关系。

图 6-32　交换机端口名称与端口编号的映射

当 Floodlight 端、mininet 端和 sFlow-rt 端部署完成后，登录 sFlow-rt 的 Web 页面查看 agent 信息项，进入该虚拟机所监控的端口列表页面，查看端口监控的流量信息。

3. 仿真结果及分析

点击进入端口 4 的监控页面，图 6-33 为交换机 s1 从 14:14:27 时刻到 14:20:42 时刻的流量实时监控信息，4.ifinpkts 表示每秒传入交换机的数据包数，14:17:34 时刻表示系统遇到故障时保护装置向智能终端发送大量的 GOOSE 保护信息，由此引起大量突发流量的出现，每秒达到 3k 个 GOOSE 控制命令数据包，从仿真开始每隔 75s 的固定周期智能终端向测控装置发送的 GOOSE 变位信息，每秒 1.5k 个数据包，合并单元则持续以每秒 1.1k 左右的 SMV 数据包向测控装置发送过去。

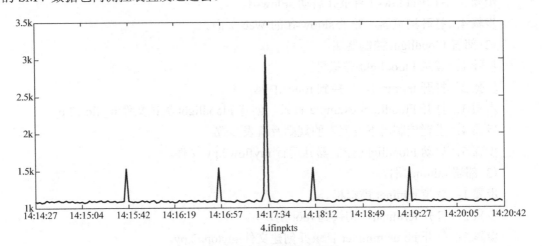

图 6-33　交换机的流量状况

当网络资源有限或交换机流量受限时,控制器下发流表给交换机,利用流表中各业务的 VLAN ID 和配置的流量限制阈值进行流量区分,并执行流表项中的动作命令实现对各业务流量的管理。图 6-34～图 6-36 分别表示交换机端口 5、端口 6 和端口 7 的流量监控情况。

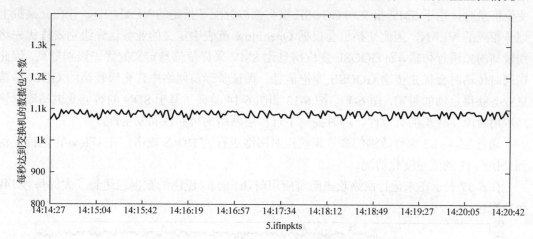

图 6-34　交换机端口 5 的流量监控情况

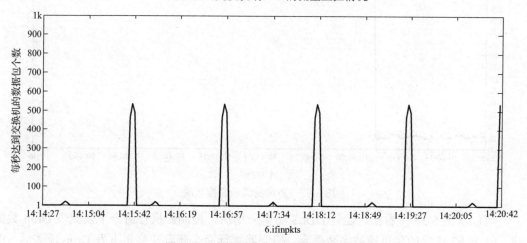

图 6-35　交换机端口 6 的流量监控情况

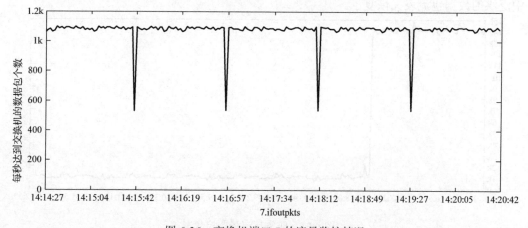

图 6-36　交换机端口 7 的流量监控情况

图 6-34 监控着流入交换机端口 5 的 SMV 信息流量，图 6-35 监控着流入交换机端口 6 的 GOOSE 信息流量，图 6-36 监控着流出交换机端口 7 的 SMV 信息流量和 GOOSE 信息流量，当 h1 合并单元和 h2 智能终端同时向 h3 测控装置发送 SMV 采样值信息和 GOOSE 变位信息时，由于 SMV 报文和 GOOSE 报文都被分配了指定的 VLAN ID，并在交换机上划分相应的 VLAN，因此交换机会根据 OpenFlow 流表中定义的业务优先级别安排优先级别较高的先进行传输，而 GOOSE 变位信息比 SMV 采样值信息定义的优先级别更高，因此在同时传输时会优先传输 GOOSE 变位信息，保证了当前网络中优先级较高的 GOOSE 信息业务获得足够的带宽，图 6-12、图 6-13 和图 6-14 验证了基于 SDN 的智能变电站流量管理应用对流量管理的有效性，同时提高了过程层网络的可靠性和安全性。

通过 h1 向 h2 执行泛洪的命令来模拟对网络进行的 DDoS 攻击，在 sFlow-rt 监控中得到交换机 s1 的流量变化情况。

图 6-37 表示在未运行网络攻击防御应用时，h1 向 h2 泛洪的数据包达到了大约每秒 14k 个数据包。

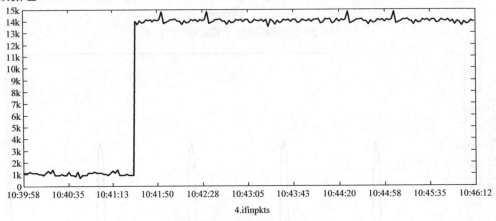

图 6-37　防御前流量监控状况

可以从图 6-38 中看出，运行 DDoS 防御应用后，控制器执行命令下发流表 Drop 数据包，h1 向 h2 泛洪的包迅速被完全丢弃。控制器执行命令删除交换机下发 Drop 流表后，图中泛洪的数据包流表又恢复了。

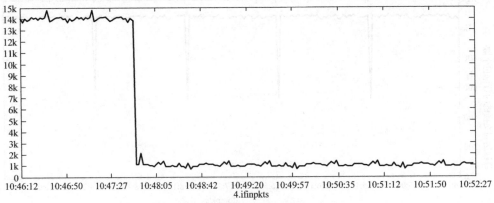

图 6-38　防御后流量监控状况

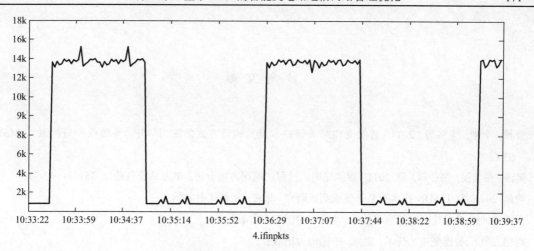

图 6-39　自动防御周期性的网络攻击

图 6-39 表示每隔一个周期(100s)对交换机 s1 发起网络攻击,控制器对交换机 s1 发布控制命令并自动防御网络攻击时所导致的流量变化。

6.3　本章小结

拓扑管理和流量管理对于 SDN 在智能变电站通信网络中的应用拥有突出的优势。由于现有智能变电站的网络管理基于静态管理方式,一方面无法感知全网拓扑,难以灵活调度路径;另一方面难以获取实时流量信息,对于过程层网络风暴等风险无法实时感知。

SDN 技术可以很好地弥补这些缺陷,可以原生支持智能变电站通信网络动态、实施监控等需求。本章从智能变电站拓扑管理和流量管理两个角度,基于应用分析,开展仿真实验,证明了 SDN 在智能变电站通信网络中应用的有效性。

参 考 文 献

曹楠, 李刚, 王冬青. 2011. 智能变电站关键技术及其构建方式的探讨. 电力系统保护与控制, 39(5): 63-68.

樊陈, 倪益民, 窦仁辉, 等. 2011. 智能变电站过程层组网方案分析. 电力系统自动化, 35(18): 67-71.

费越. 2015. 基于SDN技术的系统集成测试研究. 北京: 北京邮电大学.

高翔. 2008. 数字化变电站应用技术. 北京: 中国电力出版社.

高翔. 2012. 智能变电站技术. 北京: 中国电力出版社.

郭经红, 刘川, 郁小松, 等. 2017. 软件定义电力通信网技术. 北京: 科学出版社.

国网能源研究院. 2012. 2012国内外智能电网发展分析报告. 北京: 中国电力出版社.

黄鑫, 李芹, 杨贵, 等. 2017. 基于软件定义网络的智能变电站网络架构设计. 计算机应用, 37(9): 2512-2517.

雷葆华, 王峰, 王茜, 等. 2014. SDN核心技术剖析和实战指南. 北京: 电子工业出版社.

李孟超, 王允平, 李献伟, 等. 2010. 智能变电站及技术特点分析. 电力系统保护与控制, 38(18): 59-62.

李瑞生, 李燕斌, 周逢权. 2010. 智能变电站功能架构及设计原则. 电力系统保护与控制, 38(21): 24-27.

刘川, 黄辉, 喻强, 等. 2015. 基于SDN的电力通信集中控制高可靠性业务支撑机制研究. 电力信息与通信技术, 13(12): 1-5.

刘川, 李炳林, 娄征, 等. 2017. 支撑电力业务规划的软件定义网络控制器时延性能分析. 电力系统自动化, (10): 142-147.

刘振亚. 2010. 智能电网技术. 北京: 中国电力出版社.

刘振亚. 2015. 全球能源互联网. 北京: 中国电力出版社.

沈海平, 陈孝莲, 沈卫康. 2015. 利用软件定义网络的智能电网控制系统设计. 计算机测量与控制, 23(9): 3045-3048.

王继业, 刘川, 吴军民, 等. 2015. 软件定义电力广域网通信业务资源公平分配技术研究. 电网技术, 39(5): 1425-1430.

韦兴军. 2008. OpenFlow交换机模型及关键技术研究与实现. 长沙: 国防科学技术大学.

谢蕾. 2015. 基于SDN的网络流量工程研究. 成都: 电子科技大学.

荀思超, 沈雨生, 王小波, 等. 2016. SDN在新一代智能变电站通信网中的应用. 电力信息与通信技术, (1): 49-52.

张朝昆, 崔勇, 唐翯祎, 等. 2015. 软件定义网络(SDN)研究进展. 软件学报, 26(1): 62-81.

张卫峰. 2013. 深度解析SDN. 北京: 电子工业出版社.

赵志勇, 徐明伟, 李慧勋, 等. 2015. 基于传统交换机实现OpenFlow功能. 小型微型计算机系统, 36(10): 2317-2321.

中国科学院"构造符合我国国情的智能电网"咨询项目工作组. 2013. 中国智能电网的技术与发展. 北京: 科学出版社.

Azodolmolky S. 2014. 软件定义网络: 基于 OpenFlow 的 SDN 技术揭秘. 徐磊, 译. 北京: 机械工业出版社.

Hu F, Hao Q, Bao K. 2014. A survey on Software-Defined Network and OpenFlow: From concept to implementation. IEEE Communication Surveys & Tutorials, 16(4): 2181-2206.

Ingram D M E, Schaub P, Taylor R R, et al. 2013a. Network interactions and performance of a multifunction IEC 61850 process bus. IEEE Transactions on Industrial Electronics, 60(12): 5933-5942.

Ingram D M E, Schaub P, Taylor R R, et al. 2013b. Performance analysis of IEC 61850 sampled value process bus networks. IEEE Transactions on Industrial Informatics, 9(3): 1445-1454.

Kim H, Feamster N. 2013. Improving network management with Software Defined Networking. IEEE Communications Magazine, 51(2): 114-119.

Molina E, Jacob E, Matias J, et al. 2015. Using Software Defined Networking to manage and control IEC 61850-based systems. Computers & Electrical Engineering, 43(4): 142-154.

Sidhu T S, Yin Y. 2007. Modeling and simulation for performance evaluation of IEC61850-based substation communication systems. IEEE Transactions on Power Delivery, 22(3): 1482-1489.

Vaidya B, Makrakis D, Mouftah H T. 2013. Authentication and authorization mechanisms for substation automation in smart grid network IEEE Network, 27(1): 5-11.

Wang Z D, Wang G, Tong J F. 2016. Key management method for intelligent substation. Automation of Electric Power Systems, 40(13): 121-127.

Zhu J, Shi D, Wang P. 2014. IEC 61850-based information model and configuration description of communication network in substation automation. IEEE Transactions on Power Delivery, 29(1): 97-107.